镜泊湖生态环境调查与污染分析

李春华 叶 春 魏伟伟 郑 烨 等 著

科学出版社

北 京

内 容 简 介

镜泊湖位于黑龙江省东南部牡丹江市,属于典型的深水湖泊,是中国最大、世界第二大高山堰塞湖,国家级风景名胜区,国家 AAAAA 级旅游景区,世界地质公园。

基于历史资料搜集、现场踏勘和调查分析,本书作者详细介绍了镜泊湖流域生态环境与社会经济概况、污染负荷及分布特征,镜泊湖水质、底质、生物现状及水动力特征,研究了东北湖泊桃花水(雪融水)及夏季暴雨洪水对湖泊水动力及水质的影响,计算了镜泊湖的纳污能力,并从全流域角度提出了镜泊湖流域综合治理的理念与对策。希望本书能够为我国类似湖泊的研究、修复、管理提供借鉴。

本书适合于从事环境科学、湖沼学、生态修复、环境规划等相关专业的研究人员、工程技术人员、流域环境管理者和高等院校师生阅读和参考。

图书在版编目(CIP)数据

镜泊湖生态环境调查与污染分析/李春华等著. —北京:科学出版社,2021.3

ISBN 978-7-03-067284-1

Ⅰ. ①镜… Ⅱ. ①李… Ⅲ. ①镜泊湖–环境污染–调查研究 Ⅳ. ①X524

中国版本图书馆 CIP 数据核字(2020)第 252307 号

责任编辑:刘 冉 孙静惠 / 责任校对:杜子昂
责任印制:吴兆东 / 封面设计:北京图阅盛世

科 学 出 版 社 出版
北京东黄城根北街 16 号
邮政编码:100717
http://www.sciencep.com

北京凌奇印刷有限责任公司 印刷

科学出版社发行 各地新华书店经销

*

2021 年 3 月第 一 版 开本:720×1000 B5
2021 年 3 月第一次印刷 印张:14 1/2 插页:4
字数:290 000

定价:118.00 元
(如有印装质量问题,我社负责调换)

前　言

镜泊湖位于黑龙江省东南部牡丹江市宁安市境内，处于松花江第二大支流牡丹江的中上游，其上下游均为牡丹江，属于典型通江湖泊。镜泊湖为国家级风景名胜区，国家 AAAAA 级旅游景区，世界地质公园，中国十佳休闲旅游胜地。镜泊湖是中国最大、世界第二大高山堰塞湖，也是典型的深水湖泊，最深处达 50m 以上，平均水深 13m。

在牡丹江市生态环境局的支持下，研究组成员通过现场调查和资料收集，划定了镜泊湖全流域范围，绘制了湖底地形图，构建了通江湖泊水动力-水质关系模型，对镜泊湖流域(牡丹江市)入湖污染负荷进行了详细调查，分析计算了流域点源、面源及湖泊内源，解析了镜泊湖的主要污染来源，指明了污染物削减的方向，为下一步镜泊湖流域(牡丹江市)综合治理提供基础数据支撑，对改善镜泊湖湖泊生态功能及保障社会、经济与环境可持续发展均具有十分重要的意义。

全书共 11 章，第 1 章系统介绍了镜泊湖流域的地理位置与湖泊特征、自然环境概况及社会经济概况；第 2 章详细阐述了镜泊湖水环境现状调查与分析；第 3 章阐述了水生植物、水生动物、浮游与底栖生物及岸带情况的调查结果；第 4 章为入湖河流水质现状及入湖污染负荷核算；第 5 章利用水质-水动力模型研究了桃花水、洪水对镜泊湖水质冲击影响；第 6 章对镜泊湖流域(牡丹江市)污染负荷进行了分析；第 7~9 章分别对镜泊湖流域污染负荷整体形势、镜泊湖纳污能力、入湖污染负荷削减量进行了分析；第 10 章总结了镜泊湖流域的主要生态环境问题；第 11 章阐述了镜泊湖流域的综合治理理念与总体设计思路。

本书由中国环境科学研究院李春华研究员、叶春研究员、魏伟伟助理研究员、郑烨助理研究员进行统稿，本书的研究成果是课题组成员的集体智慧结晶。参加工作的人员都是多年从事湖泊科学研究、水体生态修复、生态学、环境学、水体动力学等专业研究的技术人员。完成该项任务的中国环境科学研究院的研究人员主要有李春华、叶春、魏伟伟、郑烨、王昊、胡文、陈洪森、黄晓艺、高欣东、王晶晶；中国海洋大学刘晓收教授主要负责镜泊湖浮游底栖生物的鉴定工作；生态模型专家博士团队李继选、吴国芳、章永鹏、林平、杨春平与中国环境科学研究院团队共同完成了镜泊湖水质-水动力模型的研究内容；上海市农业科学院刘福兴研究员参与了镜泊湖治理方案总体工程布局的研究；镜泊湖景观照片由黑龙江省镜泊湖风景名胜区自然保护区管理委员会付崇华同志提供。在本书出版之际，向他们做出的贡献表示最真挚的感谢！镜泊湖的研究还需要不断深入开展，综合治理措施也需要实践的检验。

　　由于作者理论水平和专业知识的限制，书中恐有不妥之处，敬请各位专家、同仁和各界读者提出宝贵意见和建议。

目　录

第1章 镜泊湖流域概况

1.1 地理位置与湖泊特征

1.1.1 地理位置

镜泊湖位于我国东北的长白山余脉，张广才岭和老爷岭的深山峡谷之中，其在黑龙江省东南部宁安市境内，地处东经128°30′~129°30′，北纬43°46′~44°18′。镜泊湖在牡丹江干流上，距牡丹江市80km。东临渤海镇、江山娇林场，南与吉林省敦化市相连，西北与海林市接壤，为牡丹江上游的断陷-火山堰塞湖，是世界最大的岩溶堰塞湖，是世界第二大高山堰塞湖。

镜泊湖流域范围见图1.1。镜泊湖流域总面积11664.67km²，其中79.8%在吉林省(9312.39km²)，其余的20.2%在黑龙江省(2352.28km²)。涉及吉林省的青沟子乡、雁鸣湖镇、大石头镇等16个乡镇，涉及黑龙江牡丹江市下属的沙兰镇、渤海镇、镜泊镇、东京城林业局、三陵乡，共3镇1局1乡。

图1.1 镜泊湖流域范围图

1.1.2 湖泊特征

镜泊湖主体呈西南向东北方向带状延伸，局部受次级构造影响有分支。2018年9月中国环境科学研究院湖泊生态环境研究所对湖区实施走航数据采集，扫描密度为每隔300m进行一次横断面走航，同时对整个湖区进行由南到北，由北到南双向高密度扫描，镜泊湖的水深由上游至下游逐渐增大，最大水深处在北湖区域可达55m以上，水深较浅处在5m左右。

镜泊湖湖泊面积91.5km²，蓄水量达11.8×10⁸m³。换水周期116.7天，即3.13次/年。镜泊湖水位年内变化特征如下：最高水位多出现在8月至9月，最低水位多出现在3月至4月，多年平均水位为347.95m(1985国家高程基准，下同)，最高水位为354.43m，最低水位为339.17m。湖水主要由地表径流补给，入湖河流30余条，其中牡丹江入湖水量最大。牡丹江是镜泊湖水系主要入水来源，江面宽约50～150m，正常水深1.0～2.0m，最高流速约2.75m/s，最低流速0.09m/s。

1.2 自然环境概况

1.2.1 气象气候

镜泊湖流域位于中纬度亚洲大陆的东部，属于温带大陆季风性气候区。其特点是春季多风少雨；夏季降雨集中，气候凉爽；秋季短促，日照充足；冬季寒冷，时间漫长。昼夜温差大，年平均气温3.5℃，最高气温38℃，最低气温−40.1℃。多年平均降水量549mm，属温带湿润气候；年内降雨量分布差异明显，夏季(6～8月)降水量约占全年的61%。日照时数较短，风向稳定，立体气候特征显著，气温随海拔高度不同而变化。降雪期为10月～次年4月，平均降雪期为172天。

1.2.2 水文水系

镜泊湖为牡丹江干流上的河道型湖泊，发源于吉林省敦化市境内牡丹岭，源头落差达750m左右。镜泊湖水系如图1.2所示，镜泊湖上下游均为牡丹江，呈西南至东北走向。海拔330～350m，南北长45km，东西最宽处6000m，最窄处300m，一般宽度在500～1000m之间，平均水深13m，由南向北逐渐加深，镜泊湖水系包括大小约30条河流，呈向心式汇入湖中，这些河流多属山溪，水流湍急，径流集散速度大，具有年径流量大、流量季节变化明显、冰期较长等特点。主要有大河沟、夹吉河、房身沟、松乙河、尔站河、马莲河、蛤蟆河等河流。其中最长的为尔站河，长约110km。牡丹江是镜泊湖水系主要入水来源，江面宽约

50～150m，正常水深 1.0～2.0m。

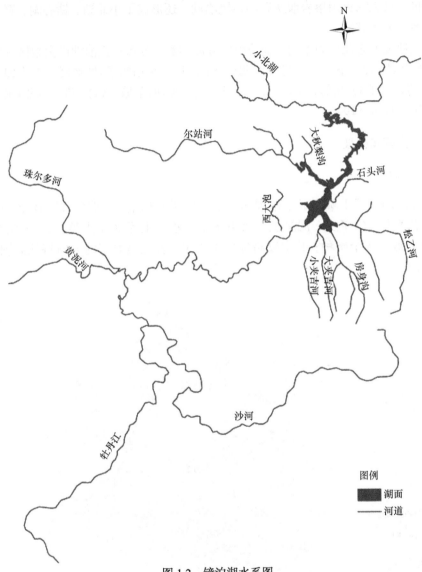

图 1.2　镜泊湖水系图

1.2.3　地质地貌

镜泊湖西北部地貌复杂，湖西山势起伏较大，湖东及湖南山势较平缓，湖北是熔岩台地，地势平坦。山脉最高海拔 1260.7m(鹿苑岛西面的老黑山)，最低海拔为 339.17m(最低水位标高)。镜泊湖地质构造结构主要为花岗岩、珍珠岩、玄武岩等。西北部的火山群自一百万年前不断喷发，形成了一条长达百余里的玄武岩台地，距今四千八百年左右的最后一次火山爆发的熔岩堵塞了牡丹江河道，形成了世界最大的火山熔岩堰塞湖——镜泊湖，还形成了小北湖、钻心湖、鸳鸯池等一系列大小湖泊。

　　按地表形态及成因不同，地貌可以分成四类：分布在镜泊湖广大地区的中低山丘陵地貌(大、小山咀子河段以北)、湖盆地貌(小山咀子-吊水楼、石头甸子向北)、熔岩流地貌(北部大干泡-石头甸子、蛤蟆塘-西苇塘一带)、堆积地貌(尔站河中下游、牡丹江段)。

1.2.4　土壤和植被

1. 土壤

　　镜泊湖流域土壤在成土过程作用下形成了暗棕壤土、棕色针叶林土、草甸土、沼泽土、白浆土、泥炭土、火山灰土、水稻土等 8 个土类，21 个亚类，11 个土属，35 个土种；其中以暗棕壤土为主。各土壤类型的分布特征如图 1.3 所示。

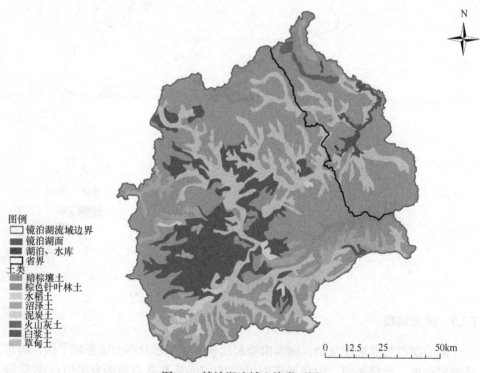

图 1.3　镜泊湖流域土壤类型图

　　暗棕壤土：又称暗棕色森林土，是发育在温带针阔混交林或针叶林下的土壤，介于棕壤和漂灰土地带之间，与棕壤的区别在于腐殖质累积较明显，淋溶淀积过程更强烈，黏化层呈暗棕色，结构面上常见有暗色的腐殖质斑点和二氧化硅粉末，棕壤系列土壤为很重要的森林土壤资源。暗棕壤土为地带性土壤，集中分布在湖区的低山丘陵，也是镜泊湖(牡丹江市)流域的主要土壤类型，是在温带湿润气候和针阔混交林下森林植被长期作用形成的地带性森林土壤。表 1.1 给出了两种土地利用方式下暗棕壤各项指标的值。

表 1.1　镜泊湖土壤分析

指标	土壤位置	
	沙兰镇	渤海镇
土壤分类	暗棕壤	暗棕壤
土地利用类型	林地	耕地
有机质(%)	3.22	2.66
pH	5.52	5.76
全氮(%)	0.1817	0.185
全磷(%)	0.1048	0.0596
全钾(%)	1.74	2.16
土壤质地	壤质砂土	壤质砂土
砂粒(%)	92.34	93.01
容重(g/cm^3)	1	1.5

数据来源于牡丹江市环境监测中心站

棕色针叶林土：只在针叶林区海拔 1100m 以上的藓类云冷杉纯林下分布的土壤，是高海拔针叶林下发育的地带性土壤。

草甸土：多分布在湖区河流两侧的阶地及谷中平坦地带，自然植被为杂类草草甸。

沼泽土：是沼泽植被下发育而成的土壤，主要分布在山间谷地，封闭的沟谷盆地，地下水位高、母质黏重、排水极差的地区。本流域中主要分布在松乙河的高漫滩，熔岩台地的低平地上和山谷局部低洼地段。

白浆土：主要分布在丘陵漫岗、山前台地、平缓坡地及平原地带，一般坡度不超过 5°。

泥炭土：泥炭土极少，常与沼泽土呈复域分布，主要分布在局部碟形封闭、半封闭的低洼沟谷地。

火山灰土：集中分布在火口森林，石头垫子河谷地区，大片熔岩台地区。自然植被在火口森林地区为原始的针阔混交林；石头垫子河为落叶松林；熔岩台地上的植被变化较大，熔岩台地东南端为寸草苔植物群落；裸露的熔岩面上植物种类贫乏，以草本植物为主，具有一定的旱生特点；中部地段，裸露熔岩面积减小，草本植物种类增多，高度增大，并有较少的灌木侵入，主要有山杨、色木槭、蒙古栎、白桦等；在局部熔岩沟后及洼地发育成杂木灌丛；西北部出现大面积的杂木林及杂木灌丛林。

水稻土：指在长期淹水种稻条件下，受到人为活动和自然成土因素的双重作用，而产生水耕熟化和氧化与还原交替，以及物质的淋溶、淀积，形成特有剖面特征的土壤。这种土壤由于长期处于水淹的缺氧状态，土壤中的氧化铁被还原成易溶于水的氧化亚铁，并随水在土壤中移动，当土壤排水后或受稻根的影响(水稻有通气组织，为根部提供氧气)，氧化亚铁又被氧化成氧化铁沉淀，形成锈斑、锈线，土壤下层较为黏重。水稻土在流域内主要分布在水田种植区或历史水田栽种区。

2. 植被

镜泊湖植被类型分布如图 1.4 所示。镜泊湖流域在植物区系上属于长白植物亚区，针叶-阔叶混交林带。原始针阔混交林中，乔木、灌木、林下地被植物茂盛，森林植被较为丰富。地带性植被是红松阔叶混交林。原生植被类型主要是以红松为主的针阔混交林。多年来，由于多次遭各种经营活动的干扰和破坏，森林

图例
- □ 镜泊湖流域边界
- ■ 镜泊湖湖面
- □ 省界

分类
- 成林
- 灌木林
- 园地、经济林
- 幼林
- 草地
- 耕地

0　12.5　25　　　50km

图 1.4　镜泊湖流域植被类型图

群落逆行演替,使森林结构发生了很大的变化。除小北湖、江东林场仍保存部分红松、落叶松、云冷杉林外,其余大部分已演替为以柞树、椴树、色树、山杨、榆树、枫桦、黑桦、水曲柳和人工落叶松为主的林分。林内灌木有榛子、胡枝子、暴马子、刺玫果、绣线菊、刺五加、忍冬等。草本植物有乌苏里苔草、毛缘苔草、蕨类、山茄子、玉竹、铃兰、唐松草等;藤本类的有山葡萄、狗枣子、五味子等。

1.2.5 水土流失现状

根据《土壤侵蚀分类分级标准》(SL 190—2007),东北黑土区属于水力侵蚀类型,镜泊湖流域所在区域属于低山丘陵区,这一区域特点是垦殖指数在20%左右,大于10°的坡地也有开垦,加之降雨量较大,有很大的侵蚀危险性,从当地的土壤侵蚀情况来看,一般属于轻度和中度的面蚀和沟蚀。镜泊湖流域绝大部分地区属于微度水蚀区,部分地区处在中度水蚀区,值得注意的是镜泊湖南部局部区域和西北部区域处于强烈水蚀区(图1.5),随着土地利用状况的改变,开垦农田和建设用地增加,镜泊湖流域水土流失状况有恶化的趋势。

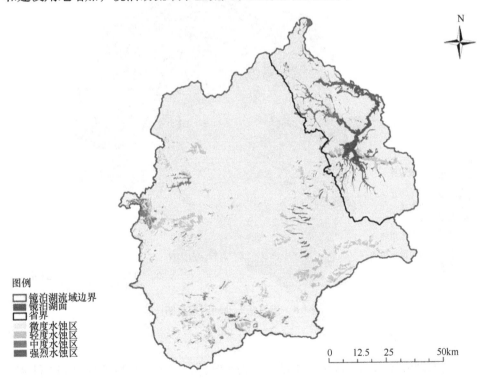

图 1.5 镜泊湖流域土壤侵蚀等级图

1.2.6　土地利用状况

镜泊湖流域土地主要分为交通运输用地、园地、城镇村及工矿用地、林地、水域及水利设施用地、耕地和草地等，其中以林地、耕地为主(图 1.6)。林地占70.7%，耕地占 23%，草地占 3.4%，水域及水利设施用地占 1.7%，园地占 0.3%，城镇村及工矿用地占 0.2%，交通运输用地占 0.3%，其他用地占 0.4%。镜泊湖流域大部分耕地处于镜泊湖流域西南部、沿牡丹江两侧分布，主要分布于吉林省敦化市，但镜泊湖南湖周边也分布有大量的农田。2000 年到 2015 年，镜泊湖耕地面积逐步扩大，未利用土地面积明显减少；林地、草地面积缩减。农田增加面积主要位于黑龙江省内区域，省内流域部分农田增加 84%，增加了 115km^2；林地面积减少了 105km^2。吉林省的农田大概增加了 7km^2。

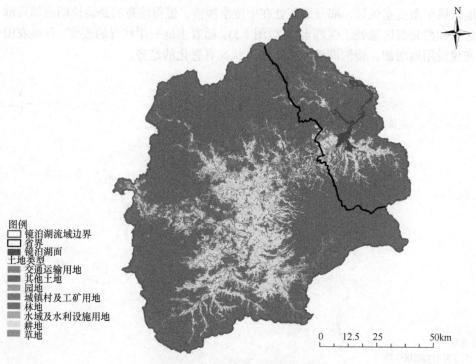

图 1.6　镜泊湖土地利用现状图

1.2.7　生物资源

镜泊湖流域植物资源十分丰富。据初步统计，区内共有高等植物 135 科 827种。按种类分有苔藓植物 27 科 42 种；蕨类植物 15 科 38 种；裸子植物 2 科 9 种；被子植物 91 科 738 种。区内还保存有许多古老的第三纪孑遗种，如红松、黄檗、水曲柳、胡桃楸等。生态环境部、国家林业和草原局、农业农村部划定的国家野生保护植物有 13 种。其中国家一级保护植物有 2 种，为紫杉和人参；国家二级保护植物有红松、黄檗、紫椴、钻天柳、刺五加、山槐、野大豆等 11 种。被列入国家级珍稀濒危保护植物的有：国家一级保护渐危物种人参(五加科)，国家三级保护渐危物种樟子松(松科)、核桃楸(胡桃科)、黄波萝(芸香科)、水曲柳(木犀科)等。

区内共有兽类 6 目 16 科 48 种，其中国家一级保护动物有东北虎、紫貂、梅花鹿、豹等 4 种；国家二级保护动物有马鹿、麝、斑羚、黄喉貂、猞猁、水獭等 8 种；鸟类共有 17 目 43 科 217 种，其中留鸟 43 种，候鸟 174 种。国家一类保护鸟类有东方白鹤、丹顶鹤、金雕、中华秋沙鸭等 4 种，国家二类保护鸟类有花尾榛鸡、鸳鸯、雀鹰等 31 种。此外，区内总计有两栖动物 1 目 6 科 11 种，如著名的林蛙；爬行动物 3 目 4 科 14 种。有文献记载的鱼类共计 61 种。

1.3　社会经济概况

1.3.1　行政区域

镜泊湖流经吉林省敦化市辖 11 个镇(江南镇、大石头镇、黄泥河镇、官地镇、贤儒镇、江源镇、秋梨沟镇、额穆镇、沙河沿镇、雁鸣湖镇、黄松甸镇)、5 个乡(大桥乡、黑石乡、青沟子乡、翰章乡、红石乡)和牡丹江市的沙兰镇、渤海镇、镜泊镇、东京城林业局、三陵乡(3 镇 1 局 1 乡)(图 1.7)。

图 1.7　镜泊湖流域行政区划图

1.3.2　人口分布

镜泊湖流域人口主要集中在吉林省敦化市和黑龙江省宁安市。吉林省敦化市2016 年人口约 46.65 万。镜泊湖流域(牡丹江市)人口主要包括牡丹江市下属渤海镇全部，东京城林业局、镜泊镇和三陵乡一大部分、沙兰镇一小部分，镜泊湖流域(牡丹江市)2018 年农村人口 24629 人。

1.3.3　社会经济

镜泊湖流域内敦化市经济社会发展迅速，县域综合实力稳居吉林省县市前列，是"一带一路"、新一轮东北振兴、西部大开发和长吉图开发开放叠加区，产业基础扎实。敦化市现已形成医药、林产、能源矿产、旅游、物流、食品和机械加工七大产业体系，拥有省级经济开发区、省级文化旅游区和省级创业示范区等高端平台，对周边地区形成了较强的辐射带动力。

镜泊湖流域(牡丹江市)社会经济的发展基本形成了以林业、种植业、水产养殖业、旅游业为优势产业的格局。众多的民族文化传统、远近闻名的土特产品，形成了湖区旅游业发展的基础和条件。近些年来，镜泊湖流域内人均 GDP 迅速上升，随着镜泊湖流域旅游业、养殖业和种植业的发展，城镇和建设用地目前处于逐步增长状态。

1.3.4　产业结构

镜泊湖流域内敦化市近几年发展速度较快，2017 年，敦化市生产总值为 181.41 亿元(图 1.8)，比上年增长 4.3%。其中第一产业 28.54 亿元，增长 2.9%；第二产业 78.74 亿元，比上年增长 4.1%，其中工业 70.71 亿元，增长 4.9%；第三产业 74.13 亿元，增长 5.2%。三次产业对经济增长的贡献率分别为 11.8%、42.8% 和 45.4%。三次产业结构为 15.7∶43.4∶40.9。

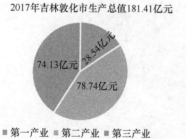

2017年吉林敦化市生产总值181.41亿元　　　2017年黑龙江宁安市生产总值211.6亿元

74.13亿元　28.54亿元　78.74亿元
73.8亿元　61.8亿元　75.9亿元

■第一产业　第二产业　■第三产业　　　　■第一产业　第二产业　■第三产业

图 1.8　镜泊湖流域产业结构图

镜泊湖流域内宁安市地区生产总值为 211.6 亿元(图 1.8)，同比增长 6.7%。其中第一产业实现 61.8 亿元，同比增长 5.7%；第二产业实现 75.9 亿元，同比增长 4.9%；第三产业实现 73.8 亿元，同比增长 9.6%。产业结构上，第一、二、三产业增加值占比分别为 29.2 : 35.9 : 34.9。

第 2 章　镜泊湖水环境现状调查与分析

通过对镜泊湖水质、底质采样调查及历史数据搜集，分析镜泊湖水体中总氮(TN)、总磷(TP)、氨氮、高锰酸盐指数、叶绿素 a、悬浮固体(SS)、透明度等指标年度、月度和空间分布变化情况，并进行水体营养状态评价；分析镜泊湖底泥厚度、蓄积量以及底泥中 TN、TP、有机质和重金属空间、垂直分布，并进行底泥污染评价。

2.1　水质污染现状调查与分析

2.1.1　调查方法

根据镜泊湖的污染源初步调查结果、地形地势及水系构成，结合流域的河流分布、土地利用及其行政区划等，参照《湖泊调查技术规程》[1]进行采样布点，于 2018 年 9 月(丰水期)在镜泊湖布置 88 个水样采集点位。使用水样采集器取上、中、下层水样，现场监测水体理化指标，营养盐等指标送实验室分析检测。具体点位分布见表 2.1 及图 2.1。针对镜泊湖湖体水质进行的主要监测内容包括：DO、pH、Eh、电导率、透明度、TN、TP、氨氮、高锰酸盐指数等。

表 2.1　镜泊湖湖体采样点坐标

点位	坐标	
	纬度	经度
1	44.045648°N	128.934517°E
2	44.043674°N	128.922157°E
3	44.039108°N	128.924389°E
4	44.035653°N	128.926964°E
5	44.027754°N	128.937778°E
6	44.021829°N	128.93898°E
7	44.016645°N	128.93177°E
8	44.034542°N	128.94104°E
9	44.038183°N	128.945332°E
10	44.03448°N	128.948593°E

续表

点位	坐标	
	纬度	经度
11	44.032136°N	128.954945°E
12	44.027754°N	128.958635°E
13	44.032136°N	128.96327°E
14	44.023959°N	128.965158°E
15	44.027816°N	128.975759°E
16	44.022323°N	128.975716°E
17	44.021459°N	128.982067°E
18	44.025656°N	128.982325°E
19	44.030593°N	128.982582°E
20	44.019793°N	128.992624°E
21	44.023743°N	128.995628°E
22	44.017818°N	128.999748°E
23	44.012756°N	129.003954°E
24	44.002447°N	129.008589°E
25	44.001953°N	129.017515°E
26	44.003805°N	129.029188°E
27	43.998557°N	129.024639°E
28	43.986145°N	129.028673°E
29	43.988739°N	129.036999°E
30	43.990591°N	129.049015°E
31	43.981946°N	129.04129°E
32	43.975522°N	129.037514°E
33	43.96638°N	129.035625°E
34	43.967863°N	129.015198°E
35	43.963785°N	129.022751°E
36	43.953591°N	129.018288°E
37	43.958843°N	129.003954°E
38	43.955939°N	129.007645°E
39	43.950996°N	129.000006°E
40	43.943982°N	128.99168°E
41	43.942097°N	128.994598°E
42	43.936967°N	128.981724°E
43	43.930415°N	128.980522°E

续表

点位	坐标	
	纬度	经度
44	43.921884°N	128.984299°E
45	43.92275°N	128.991165°E
46	43.911374°N	128.99374°E
47	43.907787°N	128.987217°E
48	43.908158°N	128.973312°E
49	43.899129°N	128.973827°E
50	43.891955°N	128.960094°E
51	43.884284°N	128.949966°E
52	43.876489°N	128.935118°E
53	43.881129°N	128.929796°E
54	43.887625°N	128.926105°E
55	43.868198°N	128.911686°E
56	43.858173°N	128.915119°E
57	43.848394°N	128.900013°E
58	43.846413°N	128.913574°E
59	43.842451°N	128.892117°E
60	43.837251°N	128.906193°E
61	43.837994°N	128.877869°E
62	43.833289°N	128.88834°E
63	43.827097°N	128.898296°E
64	43.836384°N	128.865681°E
65	43.828645°N	128.875895°E
66	43.820657°N	128.887911°E
67	43.833289°N	128.851261°E
68	43.827592°N	128.858128°E
69	43.820533°N	128.869286°E
70	43.813225°N	128.882675°E
71	43.829202°N	128.845596°E
72	43.824372°N	128.852463°E
73	43.819046°N	128.863277°E
74	43.81372°N	128.873234°E
75	43.806907°N	128.894863°E
76	43.796376°N	128.901386°E

点位	坐标	
	纬度	经度
77	43.78448°N	128.905678°E
78	43.780514°N	128.88731°E
79	43.785099°N	128.922501°E
80	43.774317°N	128.909283°E
81	43.878469°N	128.912888°E
82	43.884903°N	128.89864°E
83	43.892573°N	128.880787°E
84	43.906179°N	128.863449°E
85	43.917928°N	128.854523°E
86	43.927695°N	128.84388°E
87	43.931281°N	128.831005°E
88	43.923492°N	128.835297°E

图 2.1　镜泊湖湖体采样点位图

　　pH、Eh、电导率和 DO 利用便携式仪器进行测定；透明度利用塞氏盘测定；TN 浓度采用碱性过硫酸钾消解紫外分光光度法测定；总磷(TP)含量采用过硫酸钾消解钼酸铵分光光度法测定；氨氮采用纳氏比色法测定；硝氮浓度采用紫外分光光度法测定；高锰酸盐指数(COD_{Mn})采用酸性加热条件下高锰酸钾氧化法测定。

镜泊湖水系共设置电视塔和果树场 2 个国控点位，大山咀子 1 个省控断面，老鸹砬子 1 个市控断面(图 2.2)。

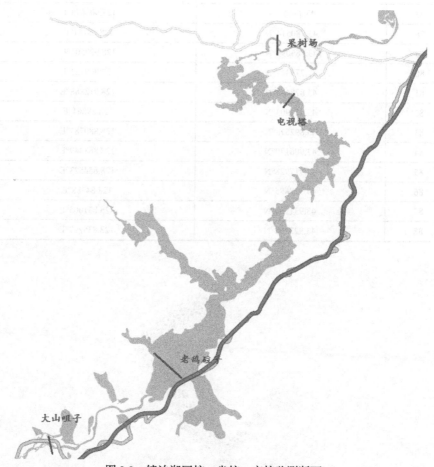

图 2.2　镜泊湖国控、省控、市控监测断面

2.1.2　镜泊湖水质污染特征分析

根据调查结果和历史资料数据分析镜泊湖水质污染特征，分析镜泊湖水体中氮、磷、有机物、叶绿素 a 和 SS 等指标的年度、月际变化和空间变化特征，从而了解镜泊湖污染状况，为下一步的治理工作提供基础数据。

1. 镜泊湖水体中 TN 的污染特征分析

1) 水体中 TN 的年度变化特征

从 2003 年至 2017 年镜泊湖水体中 TN 浓度年度变化如图 2.3 所示，共监测断面 5 个：镜泊湖流域(牡丹江市)共设置 2 个国控断面，分别为电视塔和果树场；1 个省控断面大山咀子；1 个市控断面老鸹砬子；1 个大山断面。其中大山咀子省控断面为上游吉林省敦化市出境断面。从图 2.3 中可以看出镜泊湖水 TN 从 2003 年至 2010 年浓度较低，基本不亚于Ⅲ类水标准，从 2012 年开始至 2017 年，镜泊湖水体中 TN 浓度劣于Ⅲ类水标准的频次增多，以 TN 计，已不能满足镜泊湖水质要求。

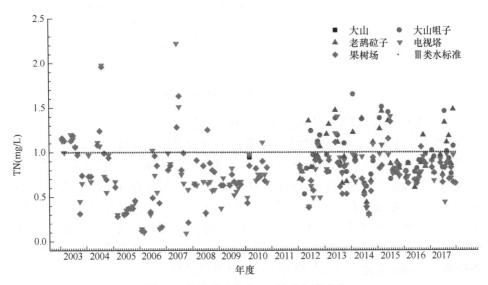

图 2.3 镜泊湖水体中 TN 浓度年度变化

2) 水体中 TN 的月际变化特征

(1) 2016～2018 年 TN 月际变化：2016 年 10 月至 2018 年 9 月镜泊湖水体中 TN 浓度月际变化如图 2.4 所示，共监测断面 3 个，分别为老鸹砬子断面、电视塔断面和果树场断面。其中果树场断面位于镜泊湖出湖河流上，因此可以重点关注镜泊湖内的老鸹砬子断面、电视塔断面两个断面的月际变化情况。由于每年 3～4 月、11～12 月冰层不稳，采样危险，因此这几个月份中会有监测数据缺失的现象。2016 年 10 月至 2017 年 9 月，镜泊湖水体中 TN 浓度较低，通常优于Ⅲ类水标准。镜泊湖电视塔断面 TN 浓度变化范围在 0.7～3.02mg/L 之间，2017 年的 11 月、2018 年的 7 月和 9 月共三个月水质为Ⅲ类水，2018 年 1 月镜泊湖水体中 TN 超过 2mg/L，为劣Ⅴ类水体，其他有三个月为Ⅳ类水体，另外有一个月为Ⅴ类水体。镜泊湖老鸹砬子断面 TN 浓度变化范围在 0.74～1.74mg/L 之间，全年平均有 6 个月的水体水质为Ⅲ类水；有两个月的水体水质为Ⅳ类。总体上看，与《地表水环境质量标准》(GB 3838—2002)比较，镜泊湖水体中 TN 浓度大部分时间为Ⅳ或Ⅴ类水，果树场断面污染>电视塔断面污染>老鸹砬子断面污染。

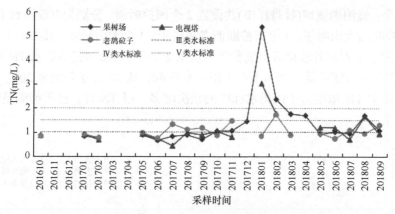

图 2.4 镜泊湖水体中 TN 浓度月际变化图(2016～2018 年)

(2) 1989 年镜泊湖 TN 月际变化：1989 年镜泊湖监测数据来源于中国环境科学研究院整理出版的《中国湖泊环境(Ⅲ)》[2]及内部印发资料《镜泊湖污染、富营养化及防治对策研究(总报告)》(1990 年 8 月)[3]。1989 年镜泊湖总氮浓度为 0.647～1.336mg/L，极值可达 2.0mg/L 左右(表 2.2)。镜泊湖 TN 分布从时间上看(图 2.5)，冬季浓度最高，5、6 月浓度开始下降，到 7、8 月又开始升高，但仍低于冬季，到 9、10 月开始下降，进入冬季又升高。一年中有 2 个高峰期、2 个低峰期。夏季高峰原因很可能是暴雨加快面源污染入湖率；冬季高峰原因很可能是冬季湖水自净能力差、冰层污染物会向水柱释放迁移。

表 2.2 湖水中各形态氮 1989 年逐月变化情况(mg/L)

参数	月份								平均值	最大值
	1	2	5	6	7	8	9	10		
TN	1.336	1.017	0.816	0.751	1.234	0.901	0.818	0.647	0.913	2.015
NO_3^--N	0.282	0.363	0.316	0.262	0.366	0.424	0.271	0.200	0.308	0.758
NO_2^--N	0.011	0.004	0.020	0.017	0.011	0.005	0.008	0.002	0.008	0.030
氨氮	0.196	0.257	0.254	0.312	0.516	0.189	0.254	0.172	0.274	1.140
TON	0.890	0.780	0.228	0.357	0.516	0.325	0.255	0.308	0.422	0.598

对 2016～2018 年数据与 1989 年历史数据比较可知，1989 年镜泊湖水质要明显好一些，但是也有偶尔达到劣Ⅴ类的时候。受每年暴雨洪水期不同的影响，1989 年峰值出现在 7 月，2016～2018 年基本出现在 8～9 月。

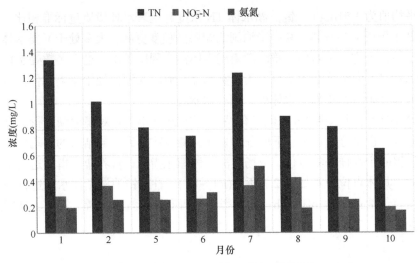

图 2.5　镜泊湖平均水质 TN、硝氮、氨氮月际变化(1989 年)

3) 水体中 TN 的空间变化特征

(1) 2018 年丰水期 TN 空间变化特征：于 2018 年 9 月对镜泊湖全湖布点采样，样品分析完毕后，使用 GIS 插值法对镜泊湖污染进行空间分析，镜泊湖水体中 TN 浓度空间变化如图 2.6 所示。镜泊湖水体中 TN 浓度变化范围在 0.44～2.49mg/L 之

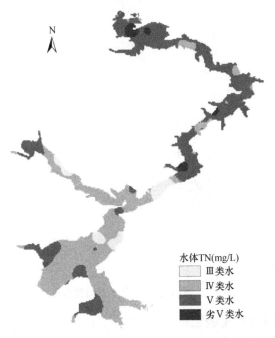

图 2.6　镜泊湖水体中 TN 空间变化(2018 年 9 月)

间，平均值为1.51mg/L。镜泊湖水体TN浓度与地表水环境质量标准相比，绝大部分处于Ⅳ或Ⅴ类水体，其中镜泊湖北湖污染程度更高，大多处于Ⅴ类水体。小部分水体处于劣Ⅴ类水体，镜泊湖南湖水体污染程度稍次，绝大多数处于Ⅳ类水体，尔站河方向水体绝大部分处于Ⅳ类水体，河流入湖口处于Ⅴ类水体。镜泊湖中部大孤岛附近有小部分水体处于Ⅲ类水状态。

(2) 2019年平水期TN空间变化特征：于2019年5月对镜泊湖进行了全湖的补充采样，也是分上、中、下层分别采样，最终数据为3层结果的平均值。在镜泊湖设置6个水样采集点位，现场监测水体理化指标，营养盐等指标送实验室分析检测。具体点位分布如图2.7所示(R1～R6)。针对镜泊湖湖体水质进行的主要监测内容包括：DO、pH、Eh、电导率、透明度、总氮、总磷、氨氮、高锰酸盐指数等。

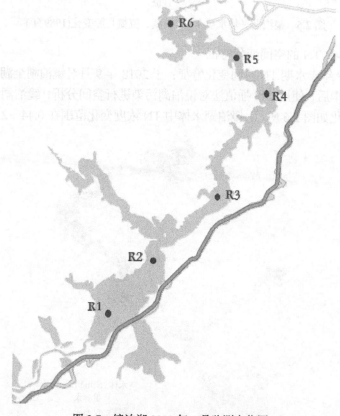

图2.7　镜泊湖2019年5月监测点位图

各个点位GPS坐标见表2.3。

表 2.3　2019 年 5 月监测点位坐标

点位	坐标	
	经度	纬度
R1	128.927071°E	44.040867°N
R2	128.984041°E	44.026674°N
R3	129.036784°E	43.987411°N
R4	128.984385°E	43.906148°N
R5	128.909669°E	43.849663°N
R6	128.870573°E	43.817436°N

由图 2.8 可以看出在镜泊湖设置的 6 个水样采集点位 R1～R6 的 TN 的浓度范围在 1.104～1.412mg/L，6 个采样点位的平均浓度为 1.293mg/L。与标准值相比，均达到了Ⅳ类水标准而未达到Ⅲ类水标准。从南到北 R1～R6 这 6 个点位，R2、R4、R6 的 TN 浓度相对较高，其中 R6 的浓度最高，达到 1.412mg/L；R1、R3、R5 的 TN 浓度相对较低，其中 R1 的浓度最低，达到 1.104mg/L。

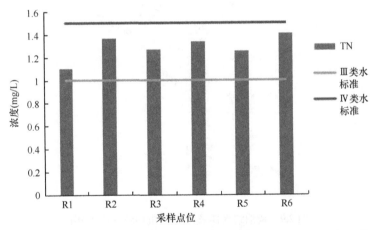

图 2.8　镜泊湖水体中 TN 浓度沿湖南部向湖北部变化情况(2019 年 5 月)

与 1989 年月变化相比，历史上 5 月也是水质较好的时期；2019 年 5 月水质与 2018 年 9 月水质相比，也有类似的规律，即平水期的水质好于暴雨洪水期的水质。从空间分布上来看，平水期的 TN 在入湖口和北部景区浓度较高，中段水体的 TN 要比两端的好。

(3) 20 世纪 80 年代末 TN 在湖区的空间分布特征：1987～1988 年镜泊湖水质数据显示(采样点位见图 2.9)，TN 在湖区空间分布受不同时间影响显著。在有报告数据的 7 个月中，有 6 个月是南部湖区 TN 值更高，1 月时北部湖区 TN 值更高(图 2.10)。结合当时的镜泊湖情况，南部是牡丹江来水入口，而且有农田分布，北部湖区的景区饭庄、旅店尚不密集，所以北部湖区的自净效果还是比较明显的。在冬季主要污染是入湖的点源污染，而北方湖体的自净能力下降，大量污染物累积在湖体，并且冰层污染物逐渐释放迁移到水柱中，从而引起冬季浓度升高。

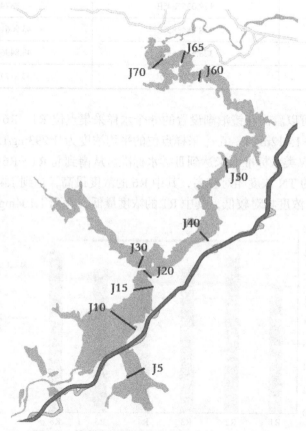

图 2.9　镜泊湖水样采集点位图(1987～1988 年)

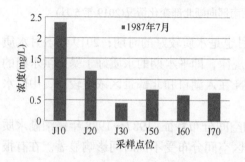

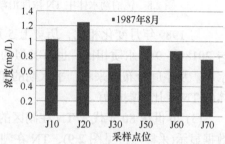

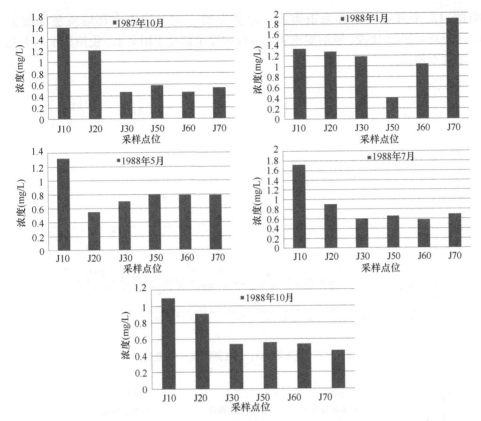

图 2.10　镜泊湖水体中 TN 浓度沿湖南部向湖北部变化情况(1987~1988 年)

2. 镜泊湖水体中氨氮的污染特征分析

1) 水体中氨氮的年度变化特征

从 2003 年至 2017 年镜泊湖水体中氨氮浓度年度变化如图 2.11 所示,共监测断面 4 个,分别为大山咀子、老鸹砬子、电视塔和果树场;另有大山断面为牡丹江上游吉林省敦化市出境断面。镜泊湖水体中氨氮浓度大都很低,基本不劣于Ⅲ类水标准,但值得注意的是从 2003 年至 2017 年镜泊湖水体中氨氮浓度呈不断上升趋势。

2) 水体中氨氮的月际变化特征

(1) 2016 年 10 月至 2018 年 9 月镜泊湖水体中氨氮浓度月际变化如图 2.12 所示,共监测断面 3 个,分别为果树场断面、老鸹砬子断面和电视塔断面。镜泊湖果树场断面氨氮浓度变化范围在 0.06~0.45mg/L 之间,监测的月份全部为Ⅲ类水。镜泊湖电视塔断面氨氮浓度变化范围在 0.13~0.48mg/L 之间,监测的月份全部为Ⅲ类水。镜泊湖老鸹砬子断面氨氮浓度变化范围在 0.12~0.85mg/L 之间,监测的 12 个月水质全部为Ⅲ类水。总体上看，与《地表水环境质量标准》(GB 3838—2002)比较，镜泊湖水体中氨氮浓度全部处于Ⅲ类水，镜泊湖水体中氨氮浓度不超标。

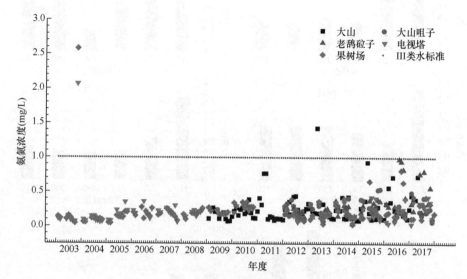

图 2.11　镜泊湖水体中氨氮浓度年度变化

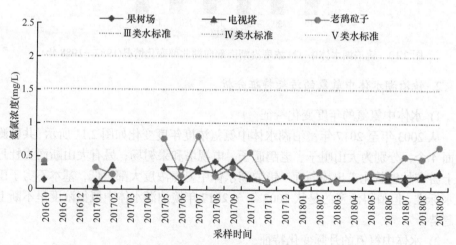

图 2.12　镜泊湖水体中氨氮浓度月际变化图

(2) 1989 年镜泊湖氨氮月际变化：如图 2.5 所示，1989 年镜泊湖氨氮浓度均值为 0.274mg/L，最大值可达 1.140mg/L(表 2.2)。镜泊湖氨氮月变化与 TN 相似，从时间上看，7 月浓度最高，6 月、9 月次之。

3) 水体中氨氮的空间变化特征

(1) 2018 年 9 月丰水期镜泊湖氨氮空间分布特征：于 2018 年 9 月对镜泊湖全湖布点采样，样品分析完毕后，使用 GIS 插值法对镜泊湖污染进行空间分析，镜泊湖水体中氨氮浓度空间变化如图 2.13 所示。镜泊湖水体中氨氮浓度变化范围在 0.27～1.86mg/L 之间，平均值为 0.77mg/L。镜泊湖水体 TN 浓度与《地表水环境质量标准》(GB 3838—2002)相比，绝大部分属于Ⅲ类水体，其中镜泊湖南湖污染程度更低，有部分Ⅱ类水体。镜泊湖北湖水体污染程度稍高，有部分水体属于Ⅳ类水体。

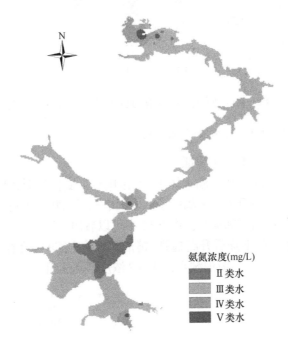

图 2.13　镜泊湖水体中氨氮空间变化特征(2018 年 9 月)

(2) 2019 年平水期氨氮空间变化特征：于 2019 年 5 月对氨氮进行补充采样测定，采样点位与同期 TN 的采样点位一致。由图 2.14 可以看出，在镜泊湖设置的 6 个水样采集点位 R1～R6 的氨氮浓度范围在 0.384～0.564mg/L，6 个采样点位的平均浓度为 0.482mg/L，均达到了Ⅳ类水标准，其中 R2、R4 和 R5 达到了Ⅲ类水标准。从南到北 R1～R6 这 6 个点位，R1、R3、R6 的氨氮浓度相对较高，其中 R6 的浓度最高，达到 0.564mg/L；R2、R4、R5 的氨氮浓度相对较低，R4 的浓度为 0.384mg/L。

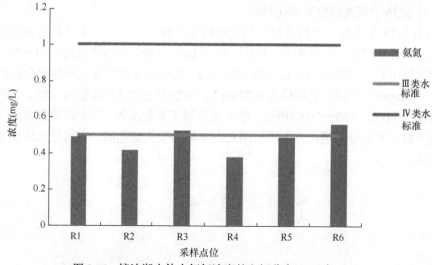

图 2.14　镜泊湖水体中氨氮浓度的空间分布(2019 年 5 月)

3. 镜泊湖水体中 TP 的污染特征分析

1) 水体中 TP 的年度变化特征

从 2003 年至 2017 年镜泊湖水体中 TP 浓度年度变化如图 2.15 所示，共监测断面 4 个，分别为大山咀子、老鸹砬子、电视塔和果树场；另有大山断面为牡丹江上游吉林省敦化市出境断面。从图 2.15 中可以看出，镜泊湖水体中 TP 浓度从 2003 年至 2017 年呈先下降后升高趋势，镜泊湖水体中 TP 浓度在 2008 年与 2009 年最低，从 2010 年开始，镜泊湖水体中 TP 浓度显著上升。

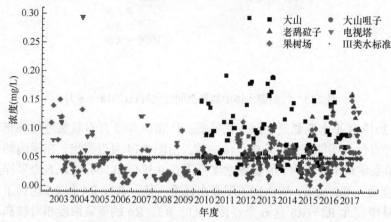

图 2.15　镜泊湖水体中 TP 浓度年度变化

2) 水体中 TP 的月际变化特征

(1) 2016 年 10 月至 2018 年 9 月镜泊湖水体中 TP 浓度月际变化：如图 2.16

所示，共监测国控/市控断面 3 个，分别为果树场断面、电视塔断面和老鸹砬子断面。2017 年 10 月到 2018 年 9 月，镜泊湖果树场断面 TP 浓度变化范围在 0.05～0.12mg/L 之间，2018 年的 7 月和 8 月水质为Ⅲ类水，2017 年 12 月及 2018 年的 2 月、3 月和 4 月镜泊湖水体中 TP 都超过 0.1mg/L，为Ⅴ类水体，其他有 4 个月为Ⅳ类水体。镜泊湖电视塔断面 TP 浓度变化范围在 0.03～0.12mg/L 之间，2017 年 10 月至 2018 年 9 月监测中，2018 年 8 月水质为Ⅲ类水，有 4 个月为Ⅳ类，有 3 个月为Ⅴ类，有 4 个月的监测数据受冰层不稳定影响不能采集。2017 年 10 月到 2018 年 9 月，镜泊湖老鸹砬子断面 TP 浓度变化范围在 0.08～0.14mg/L 之间，2017 年 10 月至 2018 年 9 月监测的 12 个月中有 5 个月的水质为Ⅳ类水，有 5 个月为Ⅴ类水，另外有 2 个月的监测数据缺失。总体上看，与《地表水环境质量标准》(GB 3838—2002)比较，镜泊湖水体中 TP 浓度大部分时间处于Ⅳ或Ⅴ类水，果树场断面污染<电视塔断面污染<老鸹砬子断面污染。

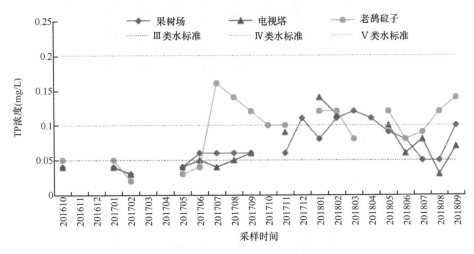

图 2.16　镜泊湖水体中 TP 月际变化特征(2016～2018 年)

(2) 1989 年镜泊湖 TP 月际变化：采样断面同 1989 年 TN 的采样断面。历史数据表明，镜泊湖水质超标因子中磷是占第一位的，其浓度范围为 0.17～1.168mg/L，总均值为 0.49mg/L，超标率为 100%。湖水中总磷的时间分布是冬季高于夏季(表 2.4 及图 2.17)，冬夏之比为 3.43∶1。总磷污染主要来源于生活污水，冬季湖水自净能力差，而且冰层会向水柱释放迁移磷，致使冬季水体总磷上升。1989 年的数据表明，那时的 TP 浓度比近期测定值还要高。那时镜泊湖的农村污水污染就已经很严重，且上游来水所经区域的污水处理设施也不完善，这些可能是导致 TP 浓度高的原因。

表 2.4　1989 年镜泊湖总磷浓度的时空分布(mg/L)

参数	断面								均值
	J10	J15	J20	J30	J50	J60	J65	J70	
夏季	0.245	0.203	0.239	0.170	0.247	0.204	0.233	0.230	0.221
冬季	0.517	0.664	0.280	0.805	1.168	0.890	1.143	0.602	0.759
平均	0.381	0.434	0.260	0.488	0.708	0.547	0.688	0.416	

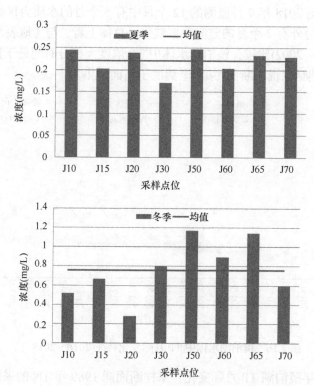

图 2.17　镜泊湖水体中 TP 月际变化特征(1989 年)

3) 水体中 TP 的空间变化特征

(1) 2018 年 9 月丰水期镜泊湖 TP 空间分布特征：于 2018 年 9 月对镜泊湖全湖布点 88 个点位采样，样品分析完毕后，使用 GIS 插值法对镜泊湖污染进行空间分析，镜泊湖水体中 TP 浓度空间变化如图 2.18 所示。镜泊湖水体中 TP 浓度变化范围在 0.03～0.23mg/L 之间，平均值为 0.13mg/L。镜泊湖水体 TP 浓度与《地表水环境质量标准》(GB 3838—2002)相比，绝大部分处于Ⅴ类水体，其中镜泊湖北湖污染程度更高，有小部分水体处于劣Ⅴ类，尔站河方向镜泊湖水体污染程度稍低，整体为Ⅳ类，还有部分水体为Ⅲ类。

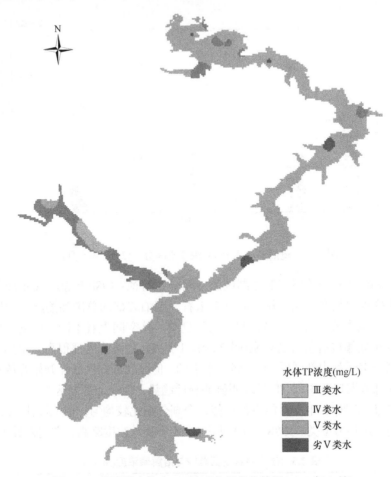

水体TP浓度(mg/L)

Ⅲ类水

Ⅳ类水

Ⅴ类水

劣Ⅴ类水

图 2.18　镜泊湖水体中 TP 浓度空间变化特征(2018 年 9 月)

(2) 2019 年 5 月平水期镜泊湖 TP 空间分布特征：由图 2.19 可以看出，在镜泊湖设置的 6 个水样采集点位 R1～R6 的 TP 浓度范围在 0.08～0.13mg/L，平均浓度为 0.10mg/L，刚好达到劣Ⅳ类水标准；其中 R2、R3、R4 和 R5 也达到了Ⅳ类水标准；R1、R6 仍为Ⅴ类水。从南到北 R1～R6 中，R1、R6 的 TP 浓度相对较高，其中 R1 的浓度最高，达到 0.13mg/L；R2、R3、R4 和 R5 的 TP 浓度相对较低，其中 R3 和 R4 的浓度最低，达到 0.08mg/L。平水期 TP 的空间分布主要受生活污水排放的影响，5 月镜泊湖景区已经开始运行，因此湖北部的 TP 比湖中段高，湖南部区域受牡丹江来水以及周边农村生活污染的影响，成为湖区 TP 浓度最高区域。

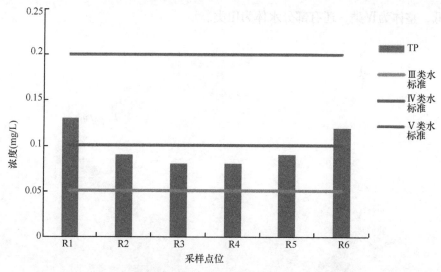

图 2.19 镜泊湖水体中 TP 浓度空间分布(2019 年 5 月)

(3) 20 世纪 80 年代末 TP 在湖区的空间分布特征：1988 年镜泊湖水质数据见表 2.5(采样点位见图 2.9)。从空间分布来看，湖泊北部的总磷和溶解磷浓度大于南部湖水。从季节上看冬季 TP 明显高于夏季。从空间上看不同月份的 TP 浓度在湖区分布规律也有很大的差别(图 2.20)。1 月 TP 总体浓度都很高，尤其是北部湖区要高于南部和中部区域。6 月属于平水期，但是北部湖区已经开始开放景区旅游，从南部入湖口到中部 TP 呈现明显的降低趋势，但是北部湖区 TP 又有抬升。1988 年 7 月与 2018 年 9 月结果很相似，全湖分布比较均匀，但浓度比 2018 年 9 月还要高，达到劣 V 类。1988 年 10 月比 2018 年 9 月浓度略高，空间差异不明显。

表 2.5 镜泊湖各断面总磷与溶解磷浓度(mg/L)

时间	参数	断面							
		J10	J15	J20	J30	J50	J60	J65	J70
1988 年 1 月	TP	0.647	1.076	0.315	0.735	1.197	1.168	1.185	0.647
	D-PO$_4$				0.013	0.010	0.004	0.014	0.002
1988 年 6 月	TP	0.232	0.181	0.135	0.196	0.098	0.057	0.172	0.025
	D-PO$_4$	0.200	0.156	0.132	0.162	0.070	0.021	0.14	0.005
1988 年 7 月	TP	0.292	0.317	0.336	0.233	0.367	0.319	0.353	0.324
	D-PO$_4$	0.260	0.286	0.304	0.202	0.334	0.288	0.324	0.290
1988 年 10 月	TP	0.258	0.286	0.294	0.175	0.300	0.239	0.258	0.278
	D-PO$_4$	0.194	0.211	0.230	0.147	0.369	0.200	0.225	0.242

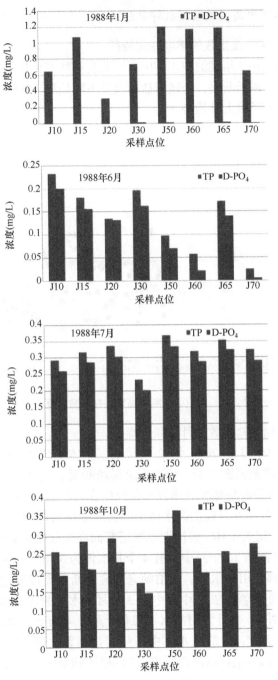

图 2.20 镜泊湖水体中 TP 浓度空间分布(1988 年)

4. 镜泊湖水体中高锰酸盐指数特征分析

1) 水体中高锰酸盐指数的年度变化特征

从 2003 年至 2017 年镜泊湖水体中高锰酸盐指数变化如图 2.21 所示,水体自上游大山断面至果树场断面,高锰酸盐指数呈下降趋势。2003 年至 2017 年高锰酸盐指数呈现先下降后上升趋势。

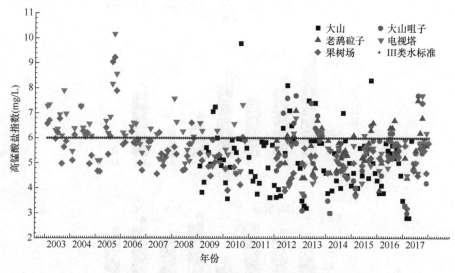

图 2.21　镜泊湖各断面高锰酸盐指数年度变化

2) 水体中高锰酸盐指数的月际变化特征

(1) 2017 年 10 月至 2018 年 9 月镜泊湖水体中高锰酸盐指数月际变化如图 2.22 所示,共监测断面 3 个,分别为果树场断面、老鸹砬子断面和电视塔断面。镜泊湖果树场断面高锰酸盐指数变化范围在 4.4～6.3mg/L 之间,监测的 12 个月中 2018 年 6 月和 9 月镜泊湖水体中高锰酸盐指数都超过 6mg/L,为Ⅳ类水体,其他月份都为Ⅲ类水体。镜泊湖电视塔断面高锰酸盐指数变化范围在 4.5～6.9mg/L 之间,监测的 12 个月中,有 4 个月水体为Ⅳ类,有 3 个月的监测数据缺失,其他月份都为Ⅲ类水体。镜泊湖老鸹砬子断面高锰酸盐指数变化范围在 4.8～7.5mg/L 之间,监测的 12 个月中有 3 个月的水体为Ⅳ类水,有 2 个月的监测数据缺失,另外 7 个月为Ⅲ类水。总体上看,与《地表水环境质量标准》(GB 3838—2002)比较,镜泊湖水体中高锰酸盐指数大部分时间处于Ⅲ或Ⅳ类水,果树场断面污染<电视塔断面污染<老鸹砬子断面污染,与 TP 浓度分布具有一致性。

(2) 20 世纪 80 年代末高锰酸盐指数月际变化特征:由表 2.6 可看出,枯水期 COD_{Mn}、BOD_5 浓度值最高,丰水期次之,平水期最低。而 BOD_5 与 COD_{Mn} 的比值冬季最高，为 39%，春、秋季次之，为 19%；夏季最低，为 13%。因为冬季水温低，有机物的生物降解速率很小，随温度的增高，生物降解速率增大。

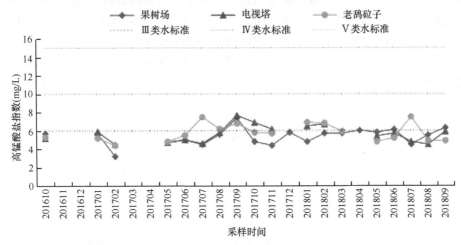

图 2.22　镜泊湖水体中高锰酸盐指数月际变化特征(2016～2018 年)

表 2.6　镜泊湖 COD_{Mn}、BOD_5 的时空变化(mg/L)

水期	日期	J10 断面		J30 断面		J70 断面	
		COD_{Mn}	BOD_5	COD_{Mn}	BOD_5	COD_{Mn}	BOD_5
枯水期	1 月 15 日					7.92	6.62
	2 月 23 日	8.33	2.90	9.56	2.96	10.25	2.08
	均值	8.33	2.90	9.56	2.96	9.09	4.35
平水期	5 月 14 日	6.07	0.80	7.00	1.00	6.03	1.02
	6 月 12 日	5.57	2.30	6.10	1.40	5.56	0.80
	10 月 11 日	7.25	1.10	12.31	1.40	8.32	0.65
	均值	6.30	1.40	8.47	1.26	6.64	0.82
丰水期	7 月 17 日	7.30	2.15	5.88	1.00	6.13	0.70
	8 月 9 日	11.24	1.00	11.52	0.85	11.32	1.15
	9 月 11 日	8.52	1.89	8.87	1.20	9.11	0.70
	均值	9.02	1.68	8.76	1.02	8.85	0.85

3) 水体中高锰酸盐指数的空间变化特征

(1) 2018 年 9 月丰水期空间分布特征:于 2018 年 9 月对镜泊湖全湖布点采样,样品分析完毕后,使用 GIS 插值法对镜泊湖污染进行空间分析,镜泊湖水体中高锰酸盐指数空间变化如图 2.23 所示。镜泊湖水体中高锰酸盐指数变化范围在 1.6～11.28mg/L 之间,平均值为 5.07mg/L。镜泊湖水体高锰酸盐指数与《地表水环境质量标准》(GB 3838—2002)相比,绝大部分为Ⅲ类,镜泊湖南湖污染程度稍高,有小部分水体为Ⅳ类,尔站河方向镜泊湖水高锰酸盐指数较低,有部分为Ⅰ类。

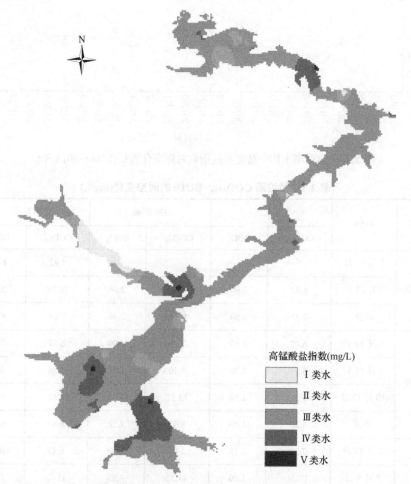

图 2.23　镜泊湖水体中高锰酸盐指数空间变化特征(2018 年 9 月)

(2) 2019 年 5 月平水期空间分布特征:由图 2.24 可以看出在镜泊湖设置的 6 个水样采集点位 R1～R6 的 COD$_{Mn}$ 的浓度范围在 5.100～7.452mg/L,平均浓度为 5.884mg/L。与标准值相比,均达到了Ⅳ类水标准,其中 R2、R3、R4 和 R5 达到了Ⅲ类水标准。从南到北 R1～R6 中，R1、R6 的 COD_{Mn} 浓度相对较高，其中 R1 的浓度最高，达到 7.452mg/L；R2、R3、R4 和 R5 的 COD_{Mn} 浓度相对较低，其中 R4 的浓度最低，达到 5.100mg/L。

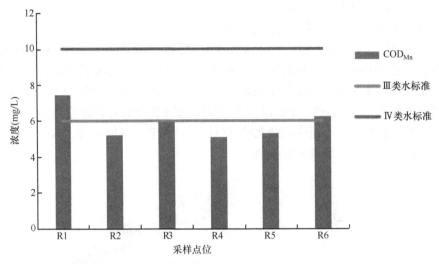

图 2.24　镜泊湖水体中 COD_{Mn} 含量(2019 年 5 月)

5. 镜泊湖水体中叶绿素 a 分布特征分析

1) 水体中叶绿素 a 的月际变化特征

2016 年 10 月至 2018 年 9 月镜泊湖水体中叶绿素 a 浓度月际变化如图 2.25 所示，共监测断面 3 个，分别为果树场断面、老鸹砬子断面和电视塔断面。2017 年

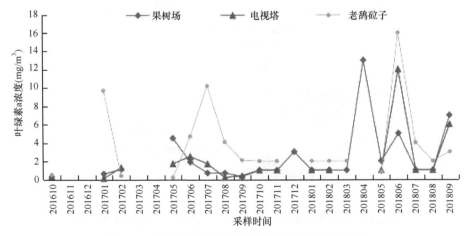

图 2.25　镜泊湖水体中叶绿素 a 浓度月际变化特征

10 月～2018 年 9 月，镜泊湖果树场断面叶绿素 a 浓度变化范围在 1～13μg/L 之间，平均值为 3.08μg/L；镜泊湖电视塔断面叶绿素 a 浓度变化范围在 1～12μg/L 之间，平均值为 2.78μg/L；镜泊湖老鸹砬子断面叶绿素 a 浓度变化范围在 0.77～16μg/L 之间，平均值为 3.58μg/L。

2) 水体中叶绿素 a 的空间变化特征

(1) 2018 年 9 月丰水期：于 2018 年 9 月对镜泊湖全湖布点采样，样品分析完毕后，使用 GIS 插值法对镜泊湖污染进行空间分析，镜泊湖水体中叶绿素 a 浓度空间变化如图 2.26 所示。镜泊湖水体中叶绿素 a 浓度变化范围在 0.95～14.31μg/L 之间，平均值为 5.79μg/L。镜泊湖水体中叶绿素 a 浓度在镜泊湖南湖镜泊乡方向湖湾内浓度较高，另外在镜泊湖北湖部分区域叶绿素 a 浓度稍高。尔站河方向镜泊湖与镜泊湖中部叶绿素 a 浓度稍低。

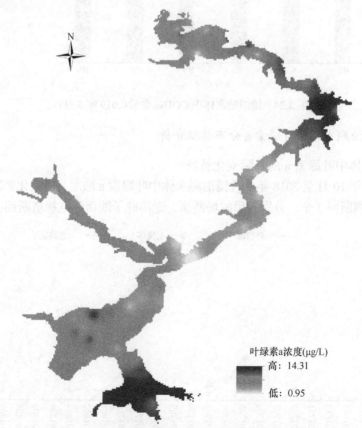

叶绿素a浓度(μg/L)
高：14.31
低：0.95

图 2.26　镜泊湖水体中叶绿素 a 浓度空间变化特征(2018 年 9 月)

(2) 2019 年 5 月丰水期：由图 2.27 可以看出，在镜泊湖设置的 6 个水样采集点位 R1～R6 的叶绿素 a 的浓度范围在 5.21～9.21μg/L，平均浓度为 7.33μg/L。

从南到北 R1～R6 这 6 个点位中，R2、R4 和 R5 的叶绿素 a 浓度相对较高，其中 R4 的浓度最高，达到 9.21μg/L；R1、R3 和 R6 的叶绿素 a 浓度相对较低，其中 R6 的浓度最低，达到 5.21μg/L。

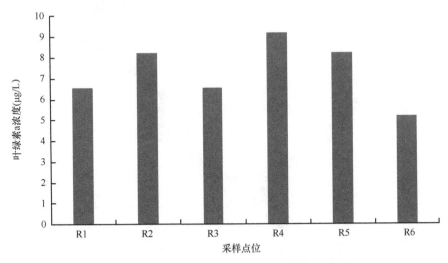

图 2.27　镜泊湖水体中叶绿素 a 含量(2019 年 5 月)

6. 镜泊湖水体中 SS 分布特征分析

(1) 2018 年 9 月丰水期：于 2018 年 9 月对镜泊湖全湖布点采样，样品分析完毕后，使用 GIS 插值法对镜泊湖污染进行空间分析，镜泊湖水体中 SS 浓度空间变化如图 2.28 所示。镜泊湖水体中 SS 浓度变化范围在 6.04～68.61mg/L 之间，平均值为 39.77mg/L。镜泊湖水体中 SS 浓度超高，这可能是因为上游河流携带大量泥沙进入镜泊湖，在镜泊湖内再悬浮。从图 2.28 可以看出，镜泊湖南湖水体中 SS 浓度低于北湖，在镜泊湖中部 SS 浓度最高。

(2) 2019 年 5 月丰水期 SS 浓度空间分布。

上层水柱 SS 情况：由图 2.29 可以看出在镜泊湖设置的 6 个水样采集点位 R1～R6 的 SS 浓度，其中上层的 SS 浓度范围在 7～16mg/L，平均浓度为 12mg/L。从南到北 R1～R6 这 6 个点位中，R1、R2 和 R4 的 SS 浓度相对较高，其中 R1 和 R4 的浓度最高，达到 16mg/L；R3、R5 和 R6 的 SS 浓度相对较低，其中 R3 的浓度最低，达到 7mg/L。

中层水柱 SS 情况：在镜泊湖设置的 6 个水样采集点位 R1～R6 中层的 SS 浓度范围在 10～56mg/L，平均浓度为 24mg/L。从南到北 R1～R6 这 6 个点位中，R4 的 SS 浓度最高，达到 56mg/L；R1、R2、R3、R5 和 R6 的 SS 浓度相对较低，其中 R2 的浓度最低，达到 10mg/L。

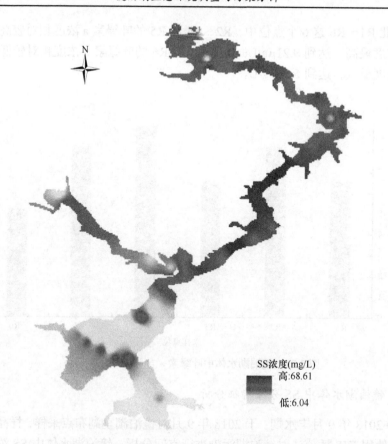

图 2.28 镜泊湖水体中 SS 浓度空间变化特征(2018 年 9 月)

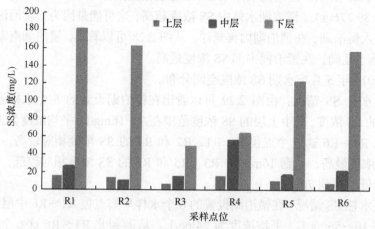

图 2.29 镜泊湖水体 SS 含量分析(2019 年 5 月)

下层水柱 SS 情况: 在镜泊湖设置的 6 个水样采集点位 R1~R6 下层的 SS 浓

度范围在 49～181mg/L，平均浓度为 122mg/L。从南到北 R1～R6 这 6 个点位中，R1、R2 和 R6 的 SS 浓度相对较高，R1 的 SS 浓度最高，达到 181mg/L；R3、R4 和 R5 的 SS 浓度相对较低，其中 R3 的浓度最低，达到 49mg/L。

7. 镜泊湖水体透明度变化特征分析

(1) 2018 年 9 月丰水期：于 2018 年 9 月对镜泊湖全湖布点采样，使用塞氏盘测定镜泊湖水体透明度(SD)，测定结果使用 GIS 插值法对镜泊湖透明度进行空间分析，具体见图 2.30。镜泊湖水体透明度最大值为 0.37m，最小值为 0.22m，与国内大部分湖泊相比，透明度偏低，水体浑浊。镜泊湖北湖头部透明度最低，镜泊镇部分与尔站河方向水体透明度较高。

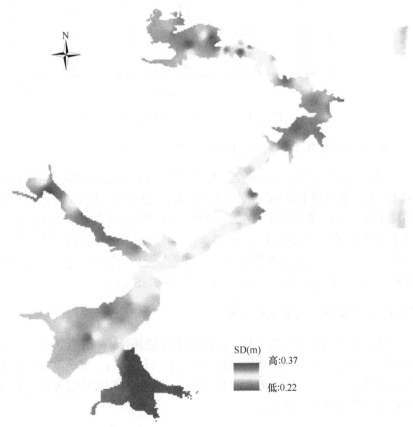

图 2.30　镜泊湖水体中透明度(SD)空间变化特征(2018 年 9 月)

(2) 2019 年 5 月丰水期：由图 2.31 可以看出，在镜泊湖设置的 6 个水样采集点位 R1～R6 的透明度的范围在 70～117cm，透明度平均值为 93cm。从南到北 R1～R6 这 6 个点位中，R3、R5 和 R6 的透明度相对较高，其中 R5 的透明度最高，达到 117cm；R1、R2 和 R4 的透明度相对较低，其中 R1 的透明度最低，达到 70cm。

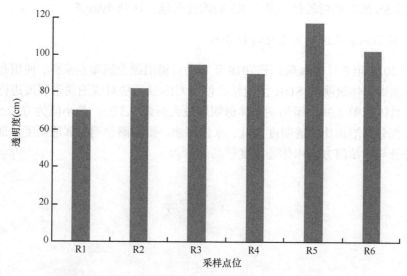

图 2.31 镜泊湖水体透明度(2019 年 5 月)

8. 镜泊湖水体 DO、pH、Eh 和电导率变化特征分析

于 2018 年 9 月对镜泊湖全湖布点采样，使用 pH 计测定镜泊湖水体中 pH 值和 Eh 值，使用溶氧仪测定水体中 DO 值，使用电导率仪测定水体中电导率。镜泊湖水体中 DO 浓度范围在 6.23～7.92mg/L 之间，平均值为 7.44mg/L，镜泊湖水体中 DO 呈现南湖低北湖高的趋势。镜泊湖水体中 pH 值范围在 7.2～7.6 之间，平均值为 7.42。镜泊湖水体中 Eh 值范围在–61～126mV 之间。镜泊湖水体中电导率在 122～286μS/cm 之间，平均值为 164.2μS/cm。

2.1.3 镜泊湖水体营养状态评价

湖泊水体营养状态的评价，是湖泊水环境评价中一个重要内容。考虑到湖泊水体中，TN、TP、高锰酸盐指数(COD_{Mn})、叶绿素 a、透明度是反映水体营养状态的主要指标，而且存在着明显的相关性，在此利用综合营养状态指数法计算公式来判别湖泊的营养状态。

1. 湖泊富营养状况评价方法

综合营养状态指数计算公式为

$$TLI(\textstyle\sum)=\textstyle\sum W_j\times TLI(j)$$

式中: TLI(∑)为综合营养状态指数; W_j 为第 j 种参数的营养状态指数的相关权重; TLI(j)为第 j 种参数的营养状态指数。

$$W_j = r_{ij}^2 / \sum_{j=1}^{m} r_{ij}^2$$

式中: r_{ij} 为第 j 种参数与基准参数 Chla 的相关系数, Chla、TP、TN、SD 和 COD_{Mn} 的 r_{ij} 值分别为 1、0.84、0.82、0.83 和 0.83; m 为评价参数的个数。

评价因子营养状态指数计算公式为

$$TLI(Chla) = 10(2.5 + 1.086\ln Chla), \quad TLI(TP) = 10(9.436 + 1.624\ln TP)$$

$$TLI(TN) = 10(5.453 + 1.694\ln TN), \quad TLI(SD) = 10(5.118 - 1.94\ln SD)$$

$$TLI(COD_{Mn}) = 10(0.109 + 2.661\ln COD_{Mn})$$

式中: 叶绿素 a(Chla)单位为 mg/m^3, 透明度(SD)单位为 m; 其他指标单位均为 mg/L。

采用 0~100 的一系列连续数字对湖泊(水库)营养状态进行分级(表 2.7)。

表 2.7　湖泊综合营养状态指数分类

数值	类型
TLI(∑)<30	贫营养
30<TLI(∑)<50	中营养
TLI(∑)>50	富营养
50<TLI(∑)<60	轻度富营养
60<TLI(∑)<70	中度富营养
TLI(∑)>70	重度富营养

2. 湖泊富营养状况评价结果

根据《地表水环境质量评价办法》(试行)中富营养化的评价方法——综合营养状态指数法进行评价, 通过综合营养状态指数法计算得到相应的综合营养状态指数, 根据富营养化评价标准分级得出镜泊湖水体 2016 年 10 月~2018 年 9 月的营养状态, 如表 2.8 及图 2.32 所示。

表 2.8　2016 年 10 月～2018 年 9 月镜泊湖水体综合营养状态指数月际变化表

监测时间	监测点位					
	果树场		电视塔		老鸹砬子	
	综合指数	类型	综合指数	类型	综合指数	类型
201610	40.86	中营养	39.95	中营养	40.72	中营养
201701	41.48	中营养	41.31	中营养	41.58	中营养
201702	37.28	中营养	40.11	中营养	39.11	中营养
201705	42.25	中营养	42.40	中营养	41.92	中营养
201706	41.04	中营养	40.83	中营养	43.21	中营养
201707	47.03	中营养	37.31	中营养	54.63	轻度富营养
201708	51.72	轻度富营养	51.88	轻度富营养	57.41	轻度富营养
201709	50.20	轻度富营养	52.39	轻度富营养	54.21	轻度富营养
201710					49.36	中营养
201711	46.23	中营养	62.94	中度富营养	49.80	中营养
201712	52.13	轻度富营养				
201801	54.77	轻度富营养	69.23	中度富营养	51.44	轻度富营养
201802	55.11	轻度富营养	67.14	中度富营养	52.11	轻度富营养
201803	52.10	轻度富营养			40.89	中营养
201804	52.21	轻度富营养				
201805	49.75	中营养	63.36	中度富营养	54.02	轻度富营养
201806	48.22	中营养	53.65	轻度富营养	47.11	中营养
201807	43.58	中营养	59.76	轻度富营养	50.62	轻度富营养
201808	44.34	中营养	59.12	轻度富营养	48.59	中营养
201809	51.65	轻度富营养	56.09	轻度富营养	52.12	轻度富营养

经计算,从 2016 年到 2018 年镜泊湖各控制断面综合营养状态指数有不断上升的趋势,2016 年至 2017 年以中营养为主,2017 年 8 月与 9 月变为轻度富营养,2017 年至 2018 年以轻度富营养为主,镜泊湖电视塔断面部分月份则为中度富营养。从近几年镜泊湖流域水质监测数据可知,如不抓紧采取流域系统的污染控制措施,镜泊湖水体有由轻度富营养状态向中度富营养发展的趋势。

根据 2018 年 9 月镜泊湖水质调查结果,计算镜泊湖综合营养状态指数(表 2.9),其空间分布如图 2.33 所示,镜泊湖整体处于轻度富营养状态,南湖头入湖口和北湖头处于中度富营养状态，尔站河部分水域处于中营养状态。

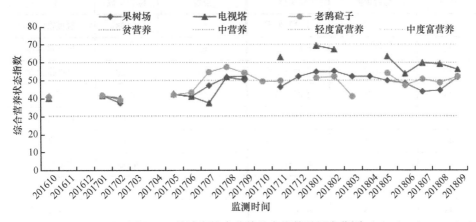

图 2.32　镜泊湖综合营养状态指数月际变化图

表 2.9　2018 年 9 月镜泊湖水体综合营养状态指数及富营养状况空间分布特征(点位图见图 2.1)

点位	综合指数	类型	点位	综合指数	类型
1	57.61	轻度富营养	18	59.84	轻度富营养
2	58.99	轻度富营养	19	57.65	轻度富营养
3	66.30	中度富营养	20	61.02	中度富营养
4	64.84	中度富营养	21	58.26	轻度富营养
5	59.44	轻度富营养	22	62.83	中度富营养
6	56.82	轻度富营养	23	60.09	中度富营养
7	57.49	轻度富营养	24	59.70	轻度富营养
8	58.92	轻度富营养	25	53.35	轻度富营养
9	58.32	轻度富营养	26	60.33	中度富营养
10	57.36	轻度富营养	27	58.69	轻度富营养
11	57.49	轻度富营养	28	60.25	中度富营养
12	59.02	轻度富营养	29	57.10	轻度富营养
13	57.67	轻度富营养	30	61.12	中度富营养
14	58.93	轻度富营养	31	59.16	轻度富营养
15	58.76	轻度富营养	32	59.35	轻度富营养
16	59.22	轻度富营养	33	60.28	中度富营养
17	58.35	轻度富营养	34	61.73	中度富营养

续表

点位	综合指数	类型	点位	综合指数	类型
35	60.11	中度富营养	62	55.98	轻度富营养
36	57.91	轻度富营养	63	57.68	轻度富营养
37	61.27	中度富营养	64	58.80	轻度富营养
38	60.54	中度富营养	65	57.37	轻度富营养
39	58.70	轻度富营养	66	59.65	轻度富营养
40	59.56	轻度富营养	67	60.09	中度富营养
41	57.83	轻度富营养	68	63.88	中度富营养
42	53.71	轻度富营养	69	59.81	轻度富营养
43	59.65	轻度富营养	70	60.66	中度富营养
44	58.99	轻度富营养	71	60.24	中度富营养
45	59.89	轻度富营养	72	59.87	轻度富营养
46	51.41	轻度富营养	73	61.25	中度富营养
47	60.17	中度富营养	74	61.00	中度富营养
48	60.85	中度富营养	75	62.67	中度富营养
49	59.33	轻度富营养	76	60.12	中度富营养
50	57.64	轻度富营养	77	59.30	轻度富营养
51	56.46	轻度富营养	78	60.23	中度富营养
52	59.83	轻度富营养	79	59.06	轻度富营养
53	58.71	轻度富营养	80	57.82	轻度富营养
54	58.12	轻度富营养	81	62.11	中度富营养
55	59.49	轻度富营养	82	56.39	轻度富营养
56	51.50	轻度富营养	83	52.13	轻度富营养
57	60.33	中度富营养	84	47.23	中营养
58	58.09	轻度富营养	85	46.48	中营养
59	55.11	轻度富营养	86	56.04	轻度富营养
60	57.47	轻度富营养	87	59.16	轻度富营养
61	59.29	轻度富营养	88	55.73	轻度富营养

图 2.33 镜泊湖综合营养状态指数空间分布图(2018 年 9 月)

2.2 底泥污染调查与分析

2.2.1 调查方法

1. 镜泊湖底泥厚度及蓄积量调查

通过浅地层剖面仪对镜泊湖全湖进行地质扫描,获得镜泊湖水下地形信息及沉积物埋藏信息,从而估算镜泊湖底泥厚度及其蓄积量。本研究采用 3.5kHz 与 10kHz 双声呐联用,通过对低频与高频信号的比较来获得较强的地质层穿透能力以及更高的分辨率。

浅剖法的结果准确性与走航密度直接相关。本次调查工作中,每 300～500m

之间至少设置一个横断面以获得足够的数据丰度。由于沉积物分布情况在河道段等区域较为复杂，适当加大在类似区域的横断面密度。走航路线由 DGPS 实时记录，见图 2.34，并与浅剖信号相匹配。

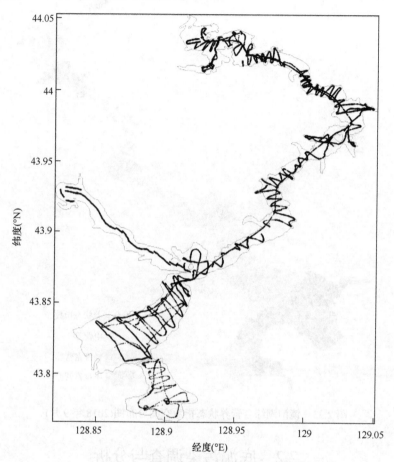

图 2.34　镜泊湖底泥走航航线布设图

2. 镜泊湖底泥营养盐含量调查

根据镜泊湖地形地势变化及周围土地利用情况，进行全湖网格化布点，布置采样点位 88 个，其中柱状沉积物采样点位 65 个，表层沉积物样品 23 个，柱状沉积物样品长度在 40～120cm 之间，每隔 10cm 进行分层，共得到柱状沉积物样品 586 个，表层沉积物样品 88 个。沉积物主要监测内容包括：TN、TP、有机质、含水率、容重和重金属等指标。采样点位图见图 2.35，经纬度坐标同水质采样点。

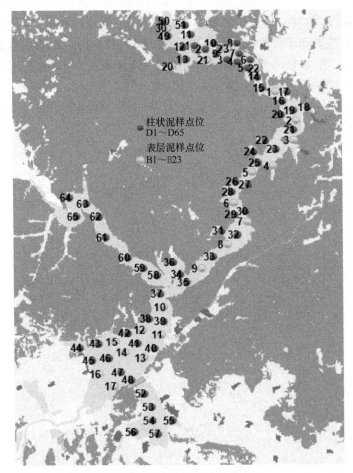

图 2.35　镜泊湖底泥采样点位图

样品采集后立即送至实验室检测，使用鲜土测定含水率与容重，样品冷冻干燥后，磨细土样进行其他指标的测定，本研究所用浓度以干重计。含水率采用称重法(含水率=水分/土样鲜重)；容重采用环刀法(容重=土样干重/环刀容积)；底泥中 TN 采用凯氏定氮法测定；TP 采用紫外分光光度计法测定；有机质采用 K_2CrO_7-H_2SO_4 消化法，测定前处理采用 H_2SO_4-H_2O_2 氧化法。

3. 镜泊湖底泥重金属含量调查

根据镜泊湖地形地势变化及周围土地利用情况布设底泥重金属采样点位，其中表层底泥 23 个，柱状点位 10 个，具体采样点位布设见图 2.36。镜泊湖底泥重金属共测定 8 个指标，分别为铜、锌、铅、镉、总铬、汞、砷、镍含量。镜泊湖底泥重金属铜、锌的检测方法参考《土壤质量 铜、锌的测定 火焰原子吸收分光光度法》(GB/T 17138—1997)，底泥重金属铅、镉的检测方法参照《土壤质量　铅、镉的测定　石墨炉原子吸收分光光度法》(GB/T 17141—1997)，底泥重金属总铬的测定参照《土壤　总铬的测定　火焰原子吸收分光光度法》(HJ 491—2019)，底泥重金属汞、砷的测定参照《土壤和沉积物　汞、砷、硒、铋、锑的测定　微波消解/原子荧光法》(HJ 680—2013)，底泥重金属镍的测定参照《土壤质量　镍的测定　火焰原子吸收分光光度法》(GB/T 17139—1997)。

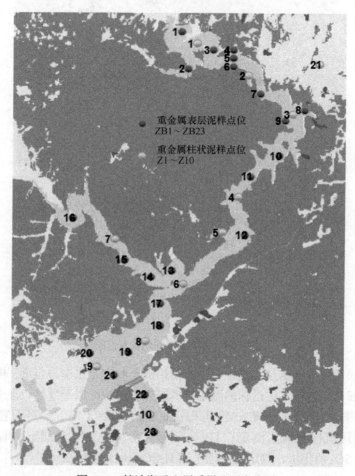

图 2.36　镜泊湖重金属采样监测点位图

2.2.2　镜泊湖底泥厚度及蓄积量

镜泊湖地质情况以珍珠门为界存在明显差异：珍珠门以北区域，水深及地形起伏均较大，地质层存在明显的分层现象(图 2.37)；以南区域水深较小，地形平坦，并且地质层分层现象也不如北部湖体明显。

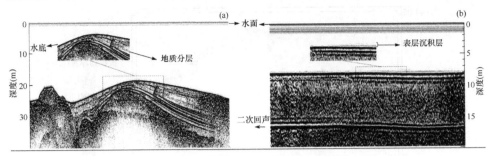

图 2.37 镜泊湖不同区域声波信号反射情况示意图
(a) 水底的整个地质分层；(b) 沉积物层

采用 Hypack 软件对原始数据进行数字化，并使用 Surfer 软件对数字化结果进行插值计算，获得镜泊湖的等深图(图 2.38)及沉积物等厚图(图 2.39)。镜泊湖的水深由上游至下游逐渐增大，水深最大处在北湖区域可达 55m 以上，与实际情况相符。镜泊镇附近水体深度较浅，在 5m 左右，地势平坦起伏小。西沟为河流，两岸水深较小，河中水深较大，在 15m 左右。镜泊湖水深状况见表 2.10。

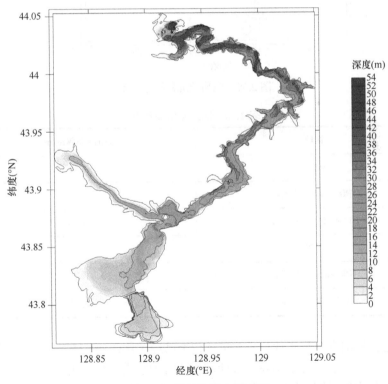

图 2.38 镜泊湖湖底地形图

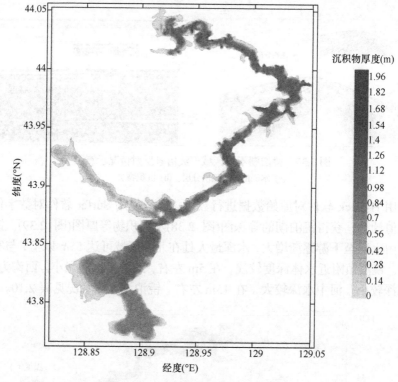

图 2.39　镜泊湖沉积物分布图

表 2.10　镜泊湖水深状况

区域	湖泊平均深度(m)
镜泊镇	5.60
南湖(珍珠门以南)	7.59
珍珠门以北狭窄水域(不含西沟)	20.54
西沟	6.33
不含镜泊镇镜泊湖区	14.60
含镜泊镇镜泊湖区	13.52

　　考虑到镜泊湖沉积年代长,大量沉积物已经矿化,与水体基本不存在物质交换。因此,只对表层含水率高、近期堆积的沉积物进行数字化。

　　从沉积物等厚图(图 2.39)中可以看出,镜泊湖沉积物分布主要表现为:①在河道区域,沉积物主要集中分布于河道中心,河道两侧沉积物较少;②西沟区域水深小,沉积层厚度同样较小,并且主要集中在河道中心区域及与干流交汇区域;③在南湖及镜泊镇等水下地形平坦区域,沉积物分布较为均匀,空间差异不明显;④下游的沉积物堆积现象较上游严重,在水流作用下,沉积物更易在水深较大的区域堆积。

镜泊镇附近湖体沉积物平均厚度为 0.6m,主要分布于湖泊中心,厚度可达 0.7~0.9m,而河流汇入区域沉积物厚度较小,仅在 0.3m 左右。该区域沉积物总淤积量约为 $6.5×10^6m^3$。

镜泊湖干流区域总泥沙淤积量约为 $4.6×10^7m^3$,整体平均沉积物厚度同样为 0.6m。但是,相较于镜泊镇区域,镜泊湖泥沙淤积呈现明显的空间差异(表 2.11):①南湖(珍珠门以南)沉积物埋藏量约为 $1.7×10^7m^3$,平均厚度约为 0.71m。② 河道区域(不含西沟)沉积物最大厚度虽然大于南湖,但该区域沉积物分布不均匀,主要集中在河道中央水深较大的区域,沉积物平均厚度与南湖接近,为 0.72m。③ 西沟为镜泊湖的支流,总泥沙淤积量较少,约为 $7×10^5m^3$,最大厚度为 0.52m,并且沉积物厚度越往西越小。

表 2.11　镜泊湖泥沙淤积状况

区域	总泥沙埋藏量(m³)	沉积物最大厚度(m)	沉积物平均厚度(m)
镜泊镇	$6.5×10^6$	0.97	0.63
南湖(珍珠门以南)	$1.7×10^7$	1.43	0.71
河道区域 (不含西沟)	$2.1×10^7$	1.95	0.72
西沟	$7×10^5$	0.52	0.3

2.2.3　镜泊湖底泥营养盐分布特征

2018 年 9 月对镜泊湖底泥进行调查。根据调查结果分析镜泊湖底泥污染特征,分析镜泊湖底泥中氮、磷和有机物的污染分布,判断镜泊湖污染状况,为下一步的治理工作提供基础数据。镜泊湖全湖共布设 88 个采样点位,测定镜泊湖表层底泥中氮、磷和有机质的浓度。样品分析完毕后,使用 GIS 插值法对镜泊湖污染进行空间分析,分析镜泊湖底泥中氮、磷和有机质的空间分布。

1. 镜泊湖表层底泥中氮的空间分布

2018 年 9 月镜泊湖底泥中 TN 含量空间变化如图 2.40 所示。镜泊湖底泥中 TN 含量变化范围在 0.19~3.84mg/g 之间,平均值为 2.69mg/g。从图中可以看出,镜泊湖南湖底泥中 TN 含量在全湖中处于较低水平，镜泊湖北湖大黑山附近湖泊底泥 TN 含量与镜泊湖大孤山附近底泥 TN 含量最高，镜泊湖尔站河方向湖泊底泥、镜泊湖镜泊镇附近湖泊底泥以及镜泊湖北湖旅游区附近湖泊底泥中 TN 浓度趋中。空间分布与有机质类似。类河道湖区和北部湖区的底泥氮含量高主要是受暴雨洪水期冲击影响，而西沟和西湖岫含量高，很可能与该区域长期拦网养鱼有关。

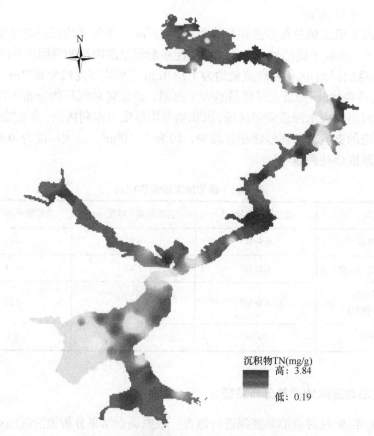

沉积物TN(mg/g)
高：3.84
低：0.19

图 2.40　镜泊湖底泥中 TN 空间分布特征

2. 镜泊湖表层底泥中磷的空间分布

2018 年 9 月对镜泊湖全湖布点采样，样品分析完毕后，使用 GIS 插值法对镜泊湖污染进行空间分析，镜泊湖底泥中 TP 含量空间变化如图 2.41 所示。镜泊湖底泥中 TP 含量变化范围在 0.81～3.51mg/g 之间，平均值为 2.02mg/g。从图中可以看出，镜泊湖南湖底泥、西湖岫、西沟湖区表层底泥中 TP 含量在全湖中处于较低水平，镜泊湖中部底泥 TP 含量较高，镜泊湖尔站河河口湖泊底泥 TP 与湖心比处于较低水平。表层底泥 TP 分布也主要受暴雨期洪水对泥沙迁移的影响，西沟和西湖岫两个重要拦网养鱼区鱼类排泄物含磷相对较低，因此，这两处 TP 在全湖的相对浓度比有机质和 TN 要低，受养鱼影响不大。

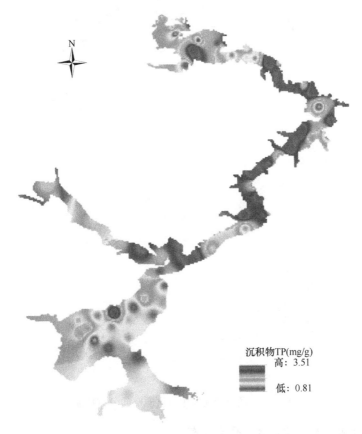

图 2.41　镜泊湖底泥中 TP 空间分布特征

3. 镜泊湖表层底泥中有机质的空间分布

2018 年 9 月对镜泊湖全湖布点采样，样品分析完毕后，使用 GIS 插值法对镜泊湖污染进行空间分析，镜泊湖底泥中有机质含量空间变化如图 2.42 所示。镜泊湖底泥中有机质(OM)含量变化范围在 1.81%～11.3%之间，平均值为 8.58%。从图中可以看出，镜泊湖南湖底泥中有机质含量在全湖中处于较低水平，镜泊湖乡附近湖泊底泥中有机质含量处于较高水平，镜泊湖大黑山附近湖泊底泥有机质含量与镜泊湖大孤山附近底泥有机质含量最高，镜泊湖尔站河方向湖泊底泥有机质含量也处于较高水平。大部分区域底泥有机质含量分布显示受暴雨洪水对底泥推进的影响显著,少量不受洪水影响的西沟和西湖岫有机质高,与长期拦网养鱼有关。

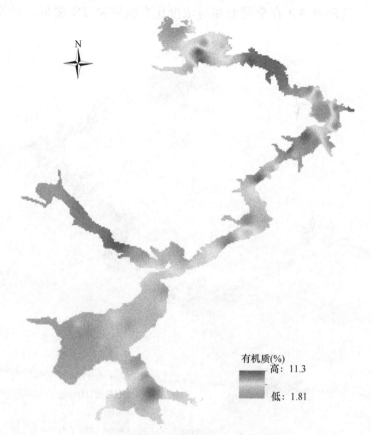

图 2.42　镜泊湖底泥中有机质空间分布特征

4. 镜泊湖底泥中营养盐的垂直分布

　　镜泊湖底泥中 TN、TP 和有机质垂直变化曲线如图 2.43 所示,共采集 65 个镜泊湖底泥柱子,其中底泥柱子最长为 130cm,表层以 0～5cm、5～10cm 进行切分,其他以 10cm 为一节进行分段检测。根据镜泊湖地形把镜泊湖分为镜泊镇湖湾、南湖、西沟、狭窄河道和北湖头 5 个片区,各个片区底泥营养盐均值垂直分布见图 2.43,底泥中营养盐由南向北(由入口到出口)逐渐加重,这可能和镜泊湖水体中泥沙沉降速率、沿湖居民、景点等污染贡献有关。柱状样的有机质、TN、TP 的平均含量在空间上的变化趋势与表层样类似,说明受常年洪水期水动力迁移影响明显。

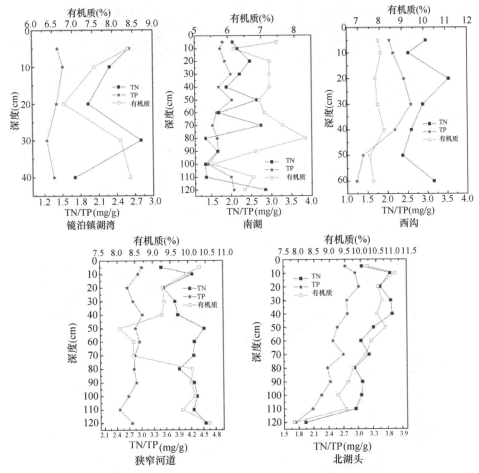

图 2.43 镜泊湖片区底泥营养盐均值空间分布特征

不同深度的污染物含量反映历史沉积特征，每个湖区柱状样都有自己的变化趋势；北湖头的很有典型性，即历史沉积物有机质含量逐年升高；近几十年受景区旅游影响浓度升高比较明显。

2018 年 9 月共采集镜泊湖底泥柱 65 个，每个柱子中营养盐含量垂直分布图如图 2.44 所示，底泥中 TN 含量变化范围在 0.4～5.2mg/g 之间，平均值为 3.04mg/g；镜泊湖底泥柱状样品中 TP 含量变化范围在 0.53～5.24mg/g，平均值为 2.36mg/g；镜泊湖底泥柱状样品中有机质含量变化范围在 1.73%～12.73%，平均值为 9.27%。

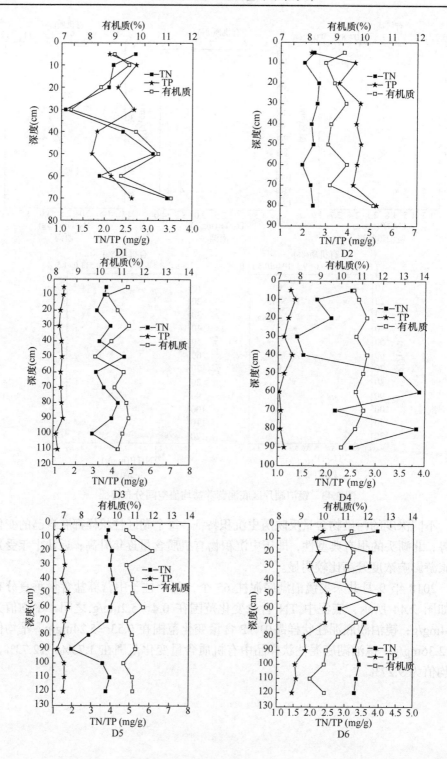

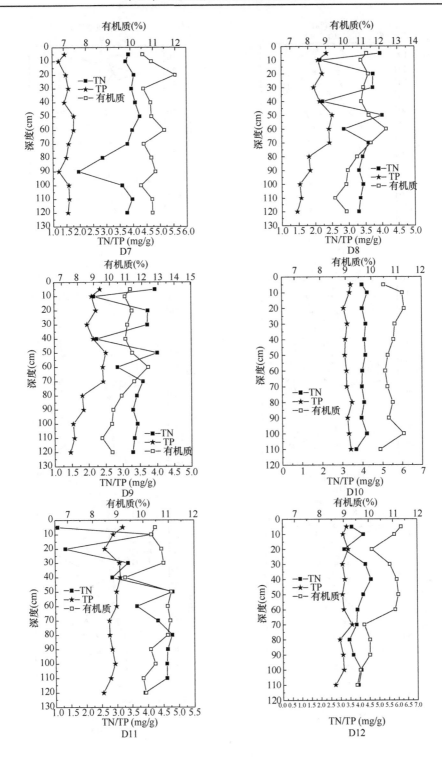

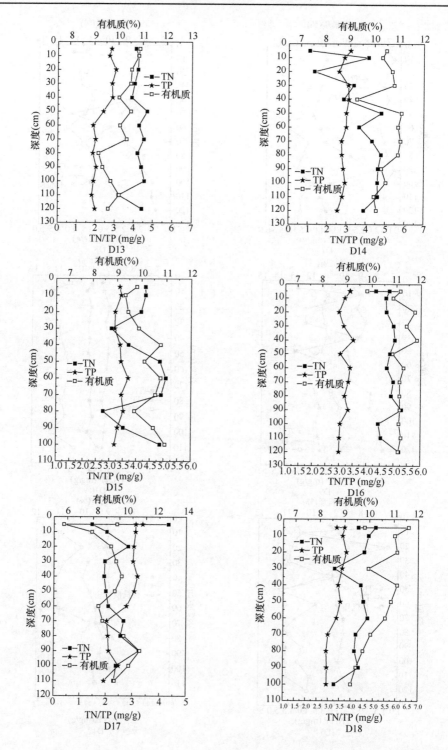

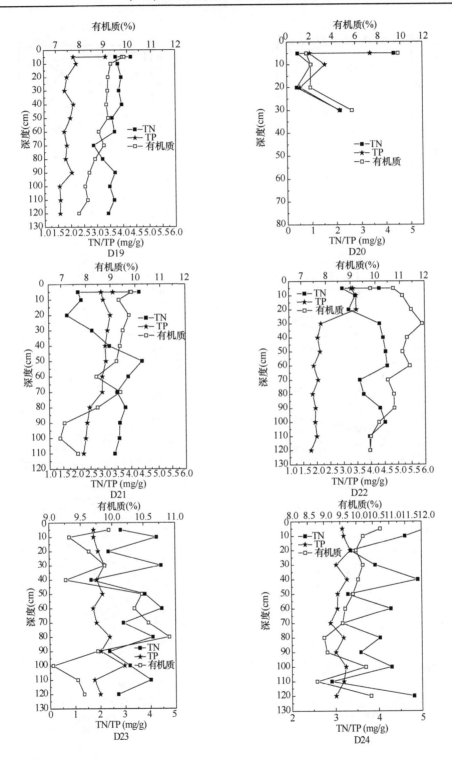

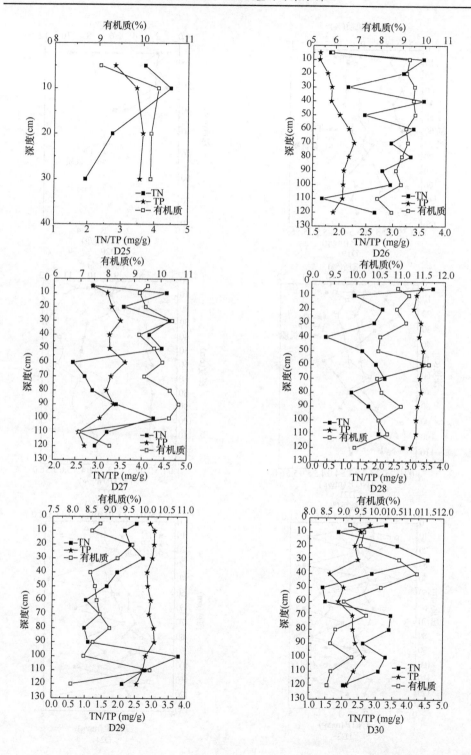

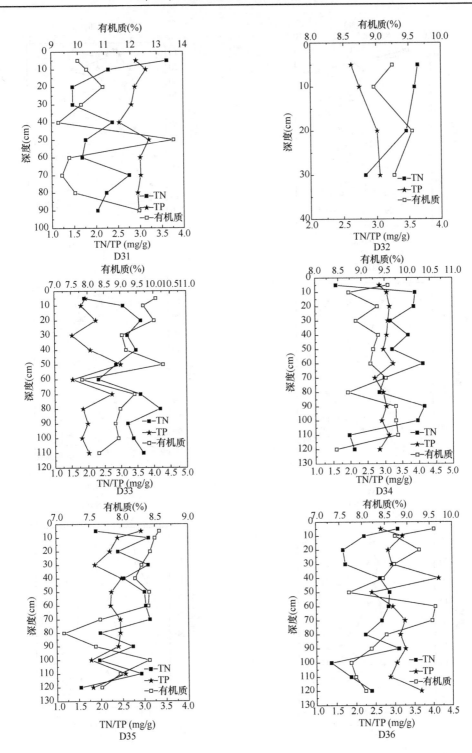

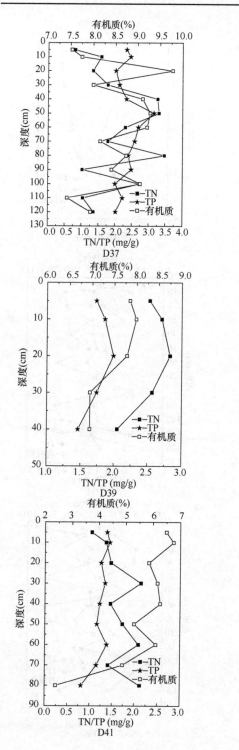

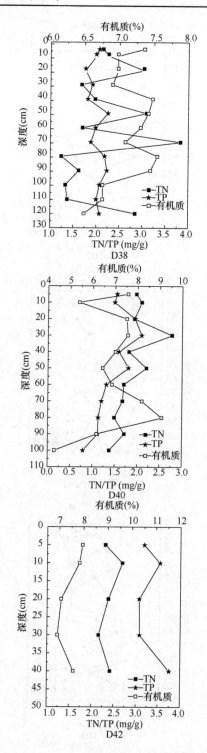

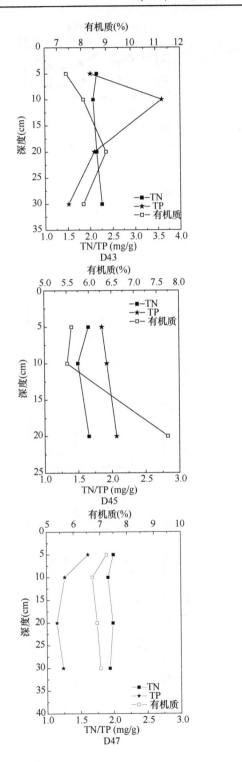

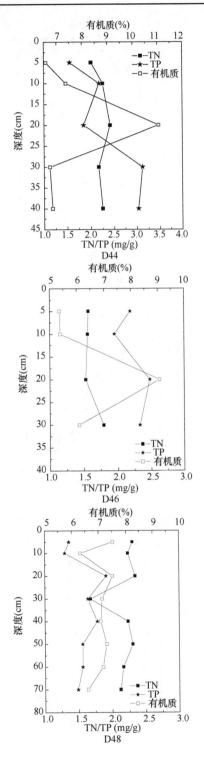

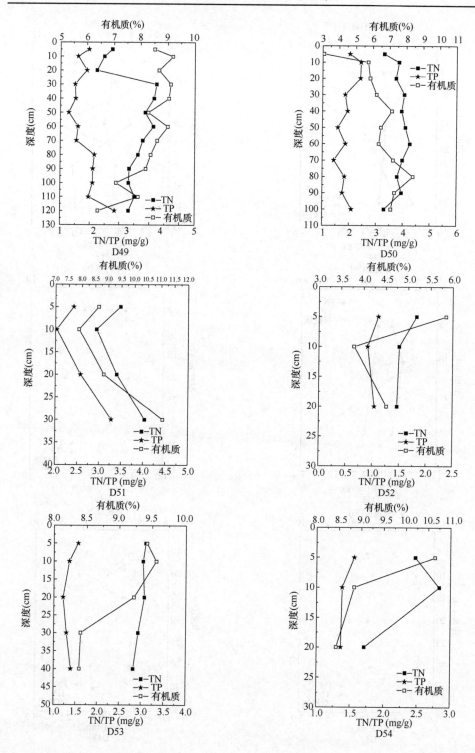

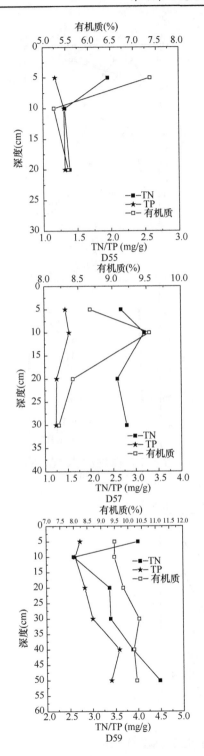

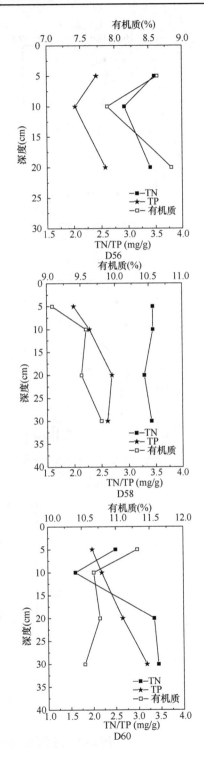

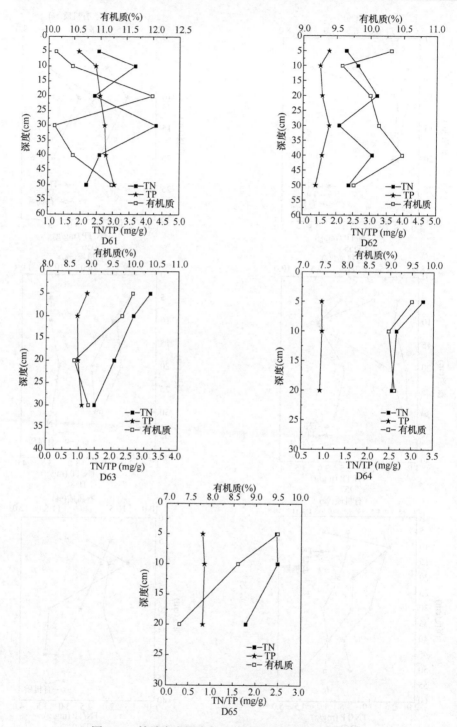

图 2.44　镜泊湖底泥中氮、磷和有机质的垂直分布图

2.2.4　镜泊湖底泥重金属分布特征

1. 镜泊湖表层底泥中重金属的空间分布

镜泊湖表层底泥重金属铜的含量范围为 15.41～42.21mg/kg，平均值为 24.79mg/kg；重金属锌的含量范围为 94.75～222.24mg/kg，平均值为 140.5mg/kg；重金属镉的含量范围为 0.10～0.54mg/kg，平均值为 0.26mg/kg；重金属总铬的含量范围为 61.83～199.96mg/kg，平均值为 118.9mg/kg；重金属铅的含量范围为 10.03～26.16mg/kg，平均值为 15.96mg/kg；重金属汞的含量范围为 0.058～0.097mg/kg，平均值为 0.083mg/kg；重金属砷的含量范围为 6.78～28.14mg/kg，平均值为 15.44mg/kg；重金属镍的含量范围为 30.93～66.67mg/kg，平均值为 53.41mg/kg(图 2.45)。与《土壤环境质量　农用地土壤污染风险管控标准》(GB 15618—2018)相比，镜泊湖底泥重金属含量较低，基本不超标；该标准中土壤重金属砷在水田中的风险筛选值为 25mg/kg，镜泊湖采样点位中 ZB8 重金属含量为 27.6mg/kg，ZB9 重金属砷含量为 28.14mg/kg，需要警惕重金属风险。

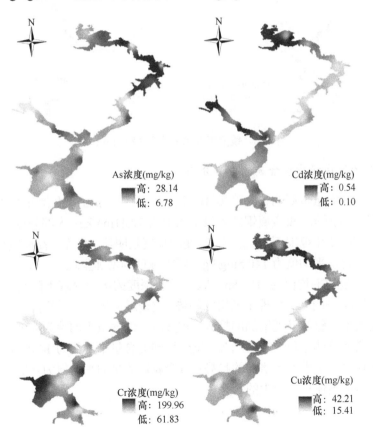

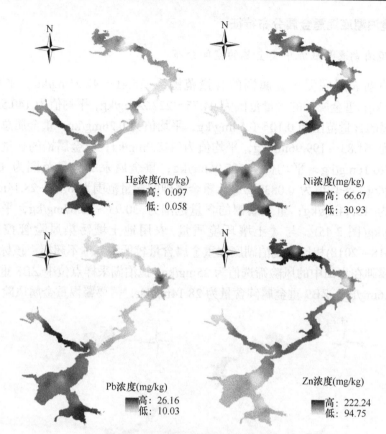

Hg浓度(mg/kg)
高：0.097
低：0.058

Ni浓度(mg/kg)
高：66.67
低：30.93

Pb浓度(mg/kg)
高：26.16
低：10.03

Zn浓度(mg/kg)
高：222.24
低：94.75

图 2.45 镜泊湖底泥中重金属空间分布图

2. 镜泊湖底泥中重金属的垂直分布

镜泊湖底泥重金属调查共采集 10 个点位的柱状样品，其沿深度的垂直变化特征如图 2.46 所示，重金属铜的含量平均值为 22.11mg/kg，大部分点位底泥中铜含量沿深度的变化范围不大，点位 Z2 变动幅度较明显，呈先升高后减少的趋势；重金属锌的含量平均值为 140.5mg/kg，随着深度的增加呈现先升高后下降趋势；重金属铅含量的平均值为 15.58mg/kg，随着深度的增加呈现下降趋势，但点位 Z2 重金属含量则相反，呈现不断增加趋势；重金属镉的含量平均值为 0.17mg/kg，随着深度的增加整体呈现增加的趋势；重金属汞的含量平均值为 0.082mg/kg，随着深度的增加整体呈现减少的趋势；重金属砷的含量平均值为 14.02mg/kg，随着深度的增加整体呈现不断增加的趋势；重金属镍含量的平均值为 47.86mg/kg，随着深度的增加整体呈现减少的趋势。

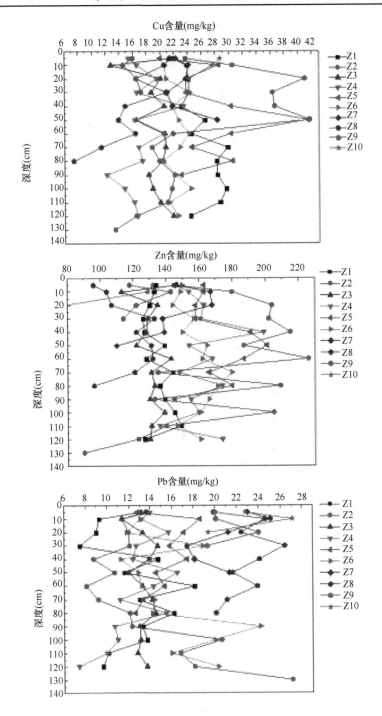

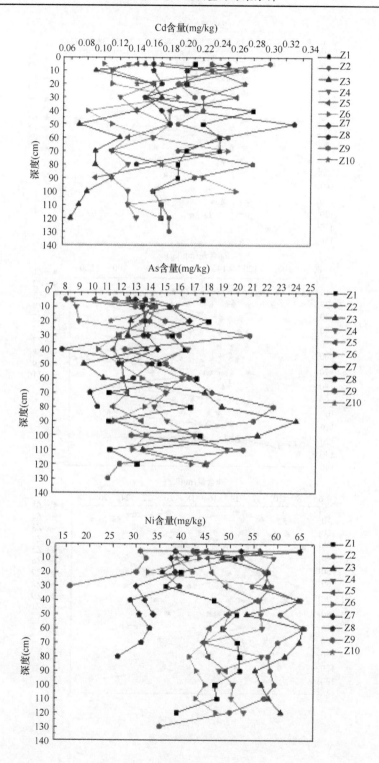

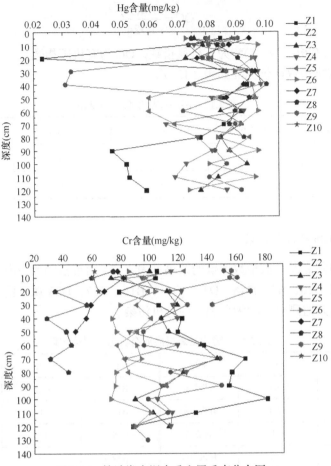

图 2.46 镜泊湖底泥中重金属垂直分布图

2.2.5 镜泊湖底泥污染评价

目前对湖泊底泥的污染状况尚无统一的评价方法和标准，多用有机指数和有机氮评价法，本研究采用有机指数法进行底泥污染评价。

1. 底泥污染评价方法

镜泊湖污染评价采用有机污染指数评价。

有机指数通常用作水体底质环境状况的指标，计算方法如下：

$$OI = OC(\%) \times ON(\%)$$

$$ON = TN(\%) \times 0.95$$

$$OC = \frac{OM(\%)}{1.724}$$

式中：OI 为有机指数；ON 为有机氮指数；OC 为有机碳指数。

底泥有机指数评价标准如表 2.12 所示。

表 2.12　底泥有机指数评价标准

有机指数(OI)	OI < 0.05	0.05 ≤ OI < 0.20	0.20 ≤ OI < 0.50	OI ≥ 0.50
类型	清洁	较清洁	尚清洁	有机污染
等级	I	II	III	IV

2. 底泥污染评价结果

对镜泊湖底泥有机指数评价的结果见表 2.13。由镜泊湖底泥有机指数评价可知，除点位 D20、B3、D46、D37、D41、B16、D17、D23 属于清洁、较清洁或尚清洁，其余监测点位均为IV类，即有机污染。

表 2.13　镜泊湖表层底泥有机污染评价结果

点位	OI	类型	点位	OI	类型
B1	1.07	有机污染	B16	0.16	较清洁
B2	1.98	有机污染	B17	0.81	有机污染
B3	0.4	尚清洁	B18	0.65	有机污染
B4	1.89	有机污染	B19	0.54	有机污染
B5	1.17	有机污染	B20	0.65	有机污染
B6	0.98	有机污染	B21	0.87	有机污染
B7	1.24	有机污染	B22	2.33	有机污染
B8	1.17	有机污染	B23	2.02	有机污染
B9	1.3	有机污染	D1	1.3	有机污染
B10	0.75	有机污染	D2	1.24	有机污染
B11	0.91	有机污染	D3	2.06	有机污染
B12	0.84	有机污染	D4	1.46	有机污染
B13	1.07	有机污染	D5	2.56	有机污染
B14	1.01	有机污染	D6	2.58	有机污染
B15	0.89	有机污染	D7	2.24	有机污染

点位	OI	类型	点位	OI	类型
D8	2.45	有机污染	D37	0.33	尚清洁
D9	1.74	有机污染	D38	0.87	有机污染
D10	2.31	有机污染	D39	1.09	有机污染
D11	1.33	有机污染	D40	0.82	有机污染
D12	2.25	有机污染	D41	0.37	尚清洁
D13	2.46	有机污染	D42	1.01	有机污染
D14	0.63	有机污染	D43	0.88	有机污染
D15	2.34	有机污染	D44	0.56	有机污染
D16	2.96	有机污染	D45	0.51	有机污染
D17	0.46	尚清洁	D46	0.46	尚清洁
D18	3.26	有机污染	D47	0.8	有机污染
D19	2.04	有机污染	D48	0.95	有机污染
D20	0.04	清洁	D49	1.29	有机污染
D21	1.13	有机污染	D50	0.56	有机污染
D22	1.76	有机污染	D51	1.65	有机污染
D23	0.08	较清洁	D52	0.59	有机污染
D24	3.02	有机污染	D53	1.61	有机污染
D25	1.85	有机污染	D54	1.45	有机污染
D26	0.59	有机污染	D55	0.8	有机污染
D27	1.5	有机污染	D56	1.59	有机污染
D28	2.18	有机污染	D57	1.29	有机污染
D29	1.21	有机污染	D58	1.72	有机污染
D30	1.66	有机污染	D59	2.11	有机污染
D31	2	有机污染	D60	1.56	有机污染
D32	1.86	有机污染	D61	1.42	有机污染
D33	1.06	有机污染	D62	1.29	有机污染
D34	0.85	有机污染	D63	1.73	有机污染
D35	0.9	有机污染	D64	1.71	有机污染
D36	1.64	有机污染	D65	1.29	有机污染

第 3 章　镜泊湖生物及岸带调查与分析

3.1　大型水生植物调查与分析

3.1.1　调查方法

　　于 2018 年 9 月对镜泊湖大型水生植物种类、群落结构、盖度和生物量进行调查。利用 GPS 和湖泊电子地图，根据镜泊湖水文地势及植物分布的变化设置调查断面和采样点，在各个采样点直接观察记录镜泊湖大型水生植物的种类，同时对每种植物的花、叶、果实等特征以及野外生长情况拍照，准确地鉴定大型水生植物的种属。植物分布范围则利用机动船沿植物分布区外围行驶，用 GPS 定位，从而确定其分布范围，计算其面积和相应的生物量。对镜泊湖大型水生植物，在每一采样点方圆 500m² 的范围内随机设置 6 个 2m × 2m 的样方，估算样方里的植株数目，选取具有代表性的单株植物称取鲜重后计算出样方中植物现存量，并记录其出现频率、覆盖面积和盖度。

3.1.2　镜泊湖大型水生植物分布

1. 调查结果

　　根据 2018 年 9 月调查，镜泊湖大型水生植物分布见图 3.1。镜泊湖为牡丹江上游的断陷，狭长形的高山堰塞湖，平均水深 13m，因此湖泊水生植物较少。大型水生植物种类以挺水植物为主，分布在湖泊入湖口和湖湾处，植物种类主要为芦苇、水蒿、狼把草和蔺草等，总分布面积约为 3.168km²(表 3.1)。镜泊湖大型水生植物在尔站河入湖口分布最多，镜泊湖北湖分布较少，南湖镜泊镇处有少量大型水生植物分布。

大型水生植物

图 3.1　镜泊湖大型水生植物分布图

表 3.1 镜泊湖主要大型水生植物种类及分布

大型水生植物种类	分布面积(km²)	平均密度(株/m²)	生物量(kg/m²)
芦苇	2.121	8	1.45
水蒿	0.468	6	0.68
狼把草	0.256	6	0.36
蔺草	0.323	14	0.41

2. 历史数据对比与分析

20 世纪 80 年代，镜泊湖沿岸居民点很少，上游几乎无污染源，水质清新，pH 6~6.5，透明度约 170~250cm。此时，调查发现镜泊湖有水生高等植物共 48 种和 1 个变种(表 3.2)，镜泊湖现有水生高等植物共 48 种和 1 个变种。其中挺水植物一共 33 种，占所有种类 67.3%，浮叶植物和沉水植物分别为 7 种和 5 种，分别占比 14.3% 和 10.2%，漂浮植物 4 种，占比 8.2%。这些植物虽然分布比较零散，但是各个群落均有自己的分布规律。特别值得一提的是水蒿、拂子茅、大穗苔草、单穗蔺草等，在别的湖泊中多为沼生或湿生，在镜泊湖中却能长期生长在 0.5~1m 深的水中，杠板归、垂梗繁缕、千屈菜、扯根菜、黄莲花和燕子花等也间杂于它们之间或稀疏生于 0.3~0.5m 深的浅水中，这些植株又比生长在湿地和沼泽者高大、粗壮。特别是水蒿群落，无论是多度、覆盖度或群集度都接近于芦苇群落，成为镜泊湖的特有种类。

表 3.2 1985 年镜泊湖大型水生植物种类

科名	种类	生活型
钱苔科	浮苔	漂浮
柳叶藓科	阔叶薄网苔	漂浮
柳叶萍科	槐叶萍	漂浮
蓼科	两栖蓼	浮叶
	旱苗蓼	挺水
	长戟叶蓼	挺水
	杠板归	挺水
	箭叶蓼	挺水
石竹科	垂梗繁缕	挺水
千屈菜科	千屈菜	挺水

续表

科名	种类	生活型
菱科	弓果菱	浮叶
	丘角菱	浮叶
	冠菱	浮叶
	东北菱	浮叶
	格菱	浮叶
柳叶菜科	扯根菜	挺水
小二仙草科	狐尾藻	沉水
	穗状狐尾藻	沉水
杉叶藻科	杉叶藻	沉水
伞形科	水芹	挺水
	毒芹	挺水
报春花科	黄连花	挺水
龙胆科	荇菜	浮叶
唇形科	水苏	挺水
	东北薄荷	挺水
菊科	水蒿	挺水
	狼把草	挺水
眼子菜科	马来眼子菜	沉水
	眼子菜	沉水
泽泻科	泽泻	挺水
	慈姑	挺水
禾本科	芦苇	挺水
	菵草	挺水
	菰	挺水
	野青茅	挺水
	拂子茅	挺水
	假苇拂子茅	挺水
	稗	挺水
	荻	挺水

续表

科名	种类	生活型
莎草科	单穗蔗草	挺水
	水葱	挺水
	大基荸荠	挺水
	莎苔草	挺水
	湿苔草	挺水
	大穗苔草	挺水
天南星科	白菖蒲	挺水
浮萍科	小萍	漂浮
雨久花科	雨久花	挺水
鸢尾科	燕子花	挺水

3.2　水生动物调查与分析

　　镜泊湖属火山堰塞湖，群山环绕，风光秀丽，浮游生物丰富，根据营养盐类及饵料生物指标看，属于中营养型湖泊，适宜鱼类的生长繁殖，特别是滤食性鱼类的生产潜力巨大。根据水产部门提供的相关资料，镜泊湖水体共发现鱼类 61 种(表 3.3)，著名的有鳌花、鳊花、花鳕、哲罗、三角鲂、雅罗、胡罗、铜罗、湖鲫、鲤鱼、蒙古红鲌、胖头、唇鳕、大白鱼等。其中经济鱼类有 16 种(部分鱼类见图 3.2)，形成主体产量的 16 种，引进的种类有青鱼、草鱼、鲢鱼、鳙鱼、池沼公鱼、丰鲤、银鲫、建鲤等近 10 种。特优品种 8 种，濒危/濒临灭绝品种 13 种。镜泊湖年产鱼 800～1200t，以花白鲢和餐条为主。

表 3.3　镜泊湖渔业资源状况

序号	名称	本土/外来	产量(kg)	特殊价值	俗名、别名
1	花鲢	外来	415274.3	国家认证地理标志绿色有机产品，镜泊湖主要经济鱼类	胖头
2	白鲢	外来		镜泊湖主要经济鱼类	
3	蒙古红鲌		45780	国家认证地理标志绿色有机产品，镜泊湖主要经济鱼类	
4	草鱼	外来	4506	镜泊湖经济鱼类	
5	青鱼	外来			

序号	名称	本土/外来	产量(kg)	特殊价值	俗名、别名
6	池沼公鱼	外来	108348	镜泊湖主要经济鱼类	黄瓜鱼，冷水性鱼
7	鲤鱼		13278.6	镜泊湖主要经济鱼类	
8	鲫鱼		11932.5	镜泊湖经济鱼类	
9	鲇鱼		3209.2	镜泊湖经济鱼类	
10	黄颡鱼		2651.5	镜泊湖经济鱼类	
11	翘嘴红鲌		74	镜泊湖经济鱼类	大白鱼、岛子
12	鳜鱼		258.2	镜泊湖经济鱼类	鳌花，三花之一
13	长春鳊			濒临灭绝	鳊花，三花之一
14	花䱻			镜泊湖经济鱼类	吉花、吉勾鱼、花吉勾，三花之一
15	雅罗		2629	镜泊湖经济鱼类	华子鱼，五罗之一，冷水性鱼
16	鳈鲅		243	镜泊湖经济鱼类	胡罗片子、胡罗，五罗之一
17	哲罗				五罗之一，冷水性鱼
18	铜罗			濒临灭绝	五罗之一
19	三角鲂				法罗，五罗之一
20	团头鲂	外来		镜泊湖经济鱼类	武昌鱼
21	唇鲭			镜泊湖经济鱼类	重重、重唇
22	银鲴			镜泊湖经济鱼类	黄姑子
23	细鳞斜颌鲴			濒临灭绝	板黄
24	蛇鮈				船丁子
25	颌须鮈				沙胡鲈子
26	黑鲴鱼				黑老婆脚
27	东北黑鳍鰁				花老婆
28	狗鱼				勾唇，冷水性鱼
29	乌鳢				黑鱼、黑鱼棒子
30	葛氏鲈塘鳢				老头鱼、还阳鱼、山胖头
31	麦穗				
32	江鳕				花鲇鱼
33	乌苏里鮠				牛尾巴
34	红鳍鲌				麻连鱼、小白鱼

续表

序号	名称	本土/外来	产量(kg)	特殊价值	俗名、别名
35	尖头红鲌			濒临灭绝	
36	扁体鲌			濒临灭绝	
37	细鳞鱼				冷水性鱼
38	大鳍刺鳈				大葫芦片、胡罗
39	彩石鲋			濒临灭绝	
40	东北七鳃鳗				
41	溪七鳃鳗				
42	东北拉氏鲅				冷水性鱼,柳根子
43	拟赤梢鱼			濒临灭绝	红尾巴梢子
44	鳡鱼			濒临灭绝	干条
45	棒花鱼				爬虎鱼
46	泥鳅				
47	东北薄鳅				
48	花鳅				
49	青鳉				大眼
50	黄黝鱼			濒临灭绝	
51	杜父鱼			濒临灭绝	
52	六须鲇			濒临灭绝	怀头
53	黑龙江鲖鱼			濒临灭绝	斑鳟子
54	黑龙江马口鱼				
55	赤眼鳟			濒临灭绝	红眼睁子
56	鳞鲤	外来			
57	丰鲤	外来			
58	镜鲤	外来			
59	银鲫	外来			
60	餐条		267223	2017年通过有机认证,主要经济鱼类	
61	鲂鱼		2		

资料来源于宁安市水产局

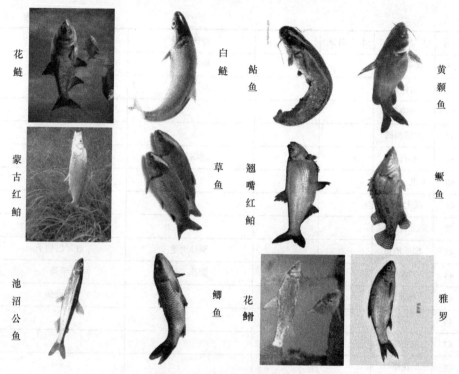

图 3.2　镜泊湖主要经济鱼类

中国水产科学研究院黑龙江水产研究所和黑龙江省水产总公司于 1980 年至 1983 年进行了镜泊湖鱼类调查，并编写了《黑龙江省渔业资源调查》，共调查采集鱼类 10 科 40 种，其中鲤科为主，计 37 种(或亚种)，占 92.5%。2007~2009 年金志民等通过网捕、专访周边农户、调查贸易市场、走访采集标本等形式对镜泊湖的鱼类进行调查，共记录鱼类 43 种，隶属于 6 目 13 科，主要的经济鱼类有 15 种，占 34.88%。鲤科鱼类最多，为 30 种，占 69.77%，为优势种。2013 年夏季，东北农业大学孙淼等调查发现，镜泊湖鱼类有 10 科 34 种。鲤科种类最多，为 23 种，占比 67.6%，其中主要的经济鱼类有 15 种，占 44.1%。由于不同时间生态环境的变化，采取的调查方式有一定差别，所以调查结果有所不同。三次调查采样结果对比见表 3.4。

表 3.4　不同时间镜泊湖水体鱼类调查结果对比

序号	名称	1980~1983 年	2007~2009 年	2013 年
1	溪七鳃鳗		√	√
2	细鳞鱼		√	
3	哲罗鱼		√	

续表

序号	名称	1980~1983 年	2007~2009 年	2013 年
4	乌苏里白鲑			
5	池沼公鱼		√	
6	黑龙江鲫鱼		√	
7	狗鱼	√	√	√
8	东北雅罗鱼	√	√	√
9	青鱼	√	√	√
10	草鱼	√	√	√
11	拉氏鲅	√		
12	东北湖鲅	√	√	√
13	马口鱼	√	√	√
14	拟赤梢鱼		√	
15	鳡鱼			
16	赤眼鳟			
17	长春鳊		√	
18	翘嘴红鲌	√	√	√
19	红鳍鲌	√	√	√
20	扁体鲌			
21	蒙古红鲌	√	√	√
22	三角鲂	√	√	√
23	餐条	√	√	√
24	银鲴	√	√	√
25	细鳞斜颌鲴	√		
26	黑龙江鳑鲏		√	
27	兴凯刺鳑鲏	√	√	√
28	大鳍刺鳈	√	√	
29	唇鲴	√	√	√
30	花鲴	√	√	
31	条纹似白鮈	√		
32	麦穗鱼	√	√	√

序号	名称	1980~1983 年	2007~2009 年	2013 年
33	东北鳈		√	√
34	东北黑鳍鳈	√		√
35	兴凯颌须鮈	√	√	√
36	银色颌须鮈	√		√
37	高体鮈	√		
38	细体鮈	√		
39	棒花鱼	√		√
40	突吻鮈	√		
41	蛇鮈	√	√	√
42	黑龙江鲤	√	√	√
43	鲢鱼	√	√	√
44	鳙鱼	√	√	√
45	条鳅			
46	黑龙江花鳅	√		√
47	泥鳅		√	
48	须鳅		√	
49	东北薄鳅		√	
50	花鳅		√	
51	鲇鱼	√	√	√
52	六须鲇			
53	黄颡鱼	√	√	√
54	乌苏里拟鲿		√	√
55	鳜鱼	√	√	
56	葛氏鲈塘鳢		√	
57	乌鳢	√	√	√
58	刺鱼		√	
59	黑龙江真吻鰕虎			
60	江鳕	√	√	√

通过收集的文献资料发现，鲖罗、长春鳊、细鳞斜颌鲴、尖头红鲌、扁体鲌、彩石鲋、拟赤梢鱼、鳡鱼、黄黝鱼、六须鲇、黑龙江鲴鱼 11 种濒临灭绝鱼类，占已查明有记录鱼类种类数的近 20%。

2007 年镜泊湖水产养殖场实施"哲罗鲑原栖息地资源恢复增殖技术"项目，投放规格为 15～17cm 的哲罗苗 2 万尾，2011 年 8 月捕获四年前放养鱼苗 2 尾，体重已达 1kg 以上，近年从渔获结果看，增殖效果不明显，哲罗鲑距离形成成熟种群还有一定距离，2013 年夏季调查没有出现，近几年也极少见到。

鲇科六须鲇，在 20 世纪 90 年代初期常出现，由于其在深水底栖环境的生活习性，特别是近十几年来，其冬季洄游上溯牡丹江产卵，通常被河道阻断、捕捞，现在很少出现。黑龙江真吻鰕虎鱼是岸边底栖肉食性的小型鱼类，是岩砂岸边用蚯蚓垂钓的常见小鱼。上述两种鱼在三次调查中均未采到标本。历史有记载，三次调查没有发现也没有采到的鱼类还有：乌苏里白鲑、鳡鱼、赤眼鳟、扁体鲌、条鳅。

综合镜泊湖水产资源调查和研究及历史记载，共鉴别出 15 科 56 种鱼类，鲤科鱼类为优势类群，共 35 种，占种类的 62.5%；鳅科 5 种，鲑科 2 种，鲌科 2 种，鲇科 2 种，其他七鳃鳗科、胡瓜鱼科、茴鱼科、狗鱼科、鳍科、塘鳢科、鳢科、刺鱼科、鰕虎鱼科、鳕科等各科各为 1 种。

3.3 浮游、底栖生物调查与分析

3.3.1 调查方法

1. 采样点位设置

2018 年 9 月在镜泊湖进行浮游植物、浮游动物、底栖生物调查，浮游植物、浮游动物设置了 18 个采样点，分别是 D1、D2、D3、D8、D9、D10、D11、D17、D18、D19、D21、D23、D24、D25、D27、D28、D29、D30。底栖生物设置了 22 个采样点，分别是 D9、D10、D11、D17、D18、D19、D21、D23、D24、D25、D27、D28、D29、D30、D32、D26、D35、D20、D31、D34、D33、D22。采样点位图如图 3.3 所示。

2. 浮游植物调查方法

按照《湖泊调查技术规程》[1]，在镜泊湖于 2018 年 9 月进行采样。浮游植物定量样品使用 2.5L 有机玻璃采水器采集，每个采样点采水样 1000mL。分层采样时，将各层所采水样等量混匀后取 1000mL，作为此点的浮游植物样品。样品现

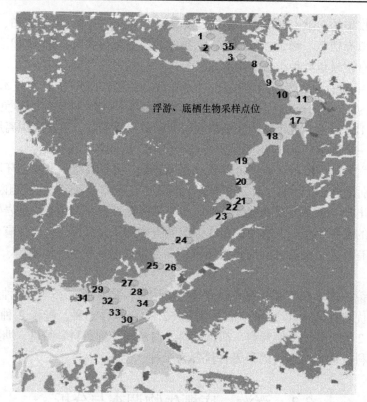

图 3.3　镜泊湖调查站位图

场立即用 1.0%鲁氏碘液摇匀固定，即杀死水样中的浮游植物和其他生物。带回实验室后，在 1000mL 的分液漏斗中静置 48h，浓缩并定容至 30mL 供镜检。浮游植物鉴定计数用 0.1mL 吸管吸取 0.1mL 浓缩水样于计数框内，在 10×40 倍光学显微镜下进行。计数的视野数目为 100～500 个，应保证计数到的浮游植物总数至少达 300 个以上，最后换算成每升水样中藻类的细胞个数，即为细胞数量(cells/L)。由于浮游植物的密度接近于 1g/mL，可以直接由浮游植物的体积换算为生物量(湿重)，即生物量为浮游植物的数量乘以各自的平均体积，单位为 mg/L 或 g/m³。浮游植物分类参照《福建省大中型水库常见淡水藻类图集》[4]和《浙江省主要常见淡水藻类图集(饮用水水源)》[5]。

使用 Primer 6.0 进行统计学分析，生物多样性指数包括物种数量(S)、Margalef 物种丰富度指数(d)、Pielou's 均匀度指数(J')和香农-维纳(Shannon-Wiener)多样性指数(H')，然后对数据进行分析。

3. 浮游动物调查方法

镜泊湖于 2018 年 9 月 15 日～25 日，采取 18 个站位，各 2 个平行样，共 36

瓶浮游动物样品。利用采水器采水 30L，然后利用 25# 浮游生物网过滤浓缩至瓶中，但因采集水量有限，很难采到密度较小和游动能力强的较大型种类。

采到的样品必须在 5min 内加以固定。常用的固定液有福尔马林和甘油-福尔马林保存液。福尔马林为含有 40% 甲醛的药品。一般按每 100mL 水样加入约 4mL 福尔马林(含 1.6% 甲醛)，也就是说用 4% 福尔马林固定。

固定好的样品带回实验室，利用解剖镜和显微镜进行观察与鉴定，利用 90 目的筛绢进行过滤，冲洗至带有分栏的培养皿中进行观察与鉴定。

桡足类和枝角类等较大型浮游动物，可直接在解剖镜下观察，并计数全部个体。原生动物和轮虫等较小型浮游动物计数用 0.1mL 吸管吸取 0.1mL 浓缩水样于计数框内，在 10×40 倍光学显微镜下进行。

(1) 枝角类和桡足类的优势种应实际称重或实测大小根据公式计算。

我国常见淡水桡足类和枝角类平均质量的计算可以按照黄祥飞提出的指数方程计算：

$$W=0.029l^{2.9506}$$

式中：W 为湿重(μg)；l 为体长(mm)。

再以个体平均湿重×丰度，即为每升水中的生物量。

(2) 原生动物和轮虫生物量的计算。

把生物体视为一个近似几何图形，按求积公式获得生物体积，假定密度为 1g/mL，就可求得体重。

原生动物体积近似计算公式：

$$V = 0.52 \times a \times b^2$$

式中：V 为原生动物的体积(μm^3)；a 为体长(μm)；b 为体宽(μm)。

轮虫体积近似计算公式：

$$V = 0.125 \times a^3$$

式中：V 为轮虫的体积(μm^3)；a 为体长(μm)。

浮游动物鉴定分类参照《滇池、洱海浮游动植物环境图谱》[6]、《中国动物志·节肢动物门·甲壳纲·淡水枝角类》[7]等。

使用 Primer 6.0 进行统计学分析，生物多样性指数包括物种数量(S)、Margalef 物种丰富度指数(d)、Pielou's 均匀度指数(J')和香农-维纳多样性指数(H')，然后对数据进行分析。

4. 底栖生物调查方法

考虑底栖动物的分布特点，使所采样品具有代表性，一般在湖泊的沿岸带、敞水带以及不同的大型水生植物分布区均需设置采样点或断面。面积为 1/16m^2

的改良彼得生采泥器在采样点采得泥样后,将泥样全部倒入盆中,再经 40 目分样筛筛洗,等筛洗澄清后,将获得的底栖动物及其腐屑等剩余物装入塑料袋中,同时放进标签(注明:编号、采样点、时间等)并作好记录,封紧袋口,带回实验室作进一步分检工作。

将洗涤好的或未曾洗涤的样品带回后,洗涤好的样品直接放入盛有酒精的培养皿中进行鉴定,未曾洗涤的样品需经 40 目分样筛筛洗,等筛洗澄清后放入盛有酒精的培养皿中进行鉴定。软体动物和水栖寡毛类的优势种应鉴定到种,水生昆虫(除摇蚊科幼虫)至少鉴定到科,摇蚊科幼虫鉴定到属。对于有疑难种类应有固定标本,以便进一步分析鉴定。摇蚊科幼虫和水栖寡毛类应先制片,然后在解剖镜或显微镜下观察鉴定。对水栖寡毛类性成熟标本还应染色,或解剖,观察性器官,鉴定种类。如需保留制片,可用加拿大树胶封片。封片时先滴 1~2 天加拿大树胶在载玻片上(胶的用量要适当),避免产生气泡。

使用 Primer 6.0 和 SPSS 19.0 进行统计学分析,生物特性指数包括总生物量(biomass)、丰度(abundance)、物种数量(S)和香农-威纳多样性指数(H')。多样性指数通过下列公式进行计算。

$$H' = -\sum_{i=1}^{S} P_i \log_2 P_i$$

式中:S 为每个样品的总物种数;P_i 为第 i 种的个体数与样品中的总个体数的比值(n_i/N)。

H' 值与物种种类和数量有关,清洁的湖域中大型底栖生物种类多,生物个体数少;而受污染的湖域中大型底栖生物种类少,物种个体数量多。所以 H' 值越大代表湖域的环境状况越好,可用于评价湖域的环境质量状况。

3.3.2 浮游植物调查结果及分析

1. 浮游植物种类

本次调查共鉴定出绿藻门(Chlorophyta)、硅藻门(Bacillariophyceae)、蓝藻门(Cyanophyceae)、裸藻门(Euglenophyta)、隐藻门(Cryptophyta)、甲藻门(Pyrrophyta)、金藻门(Chrysophyta) 7 门 57 种。其中,绿藻门种类最多,为 26 种,占浮游植物总种数的 45.6%,蓝藻次之,共 10 种,占浮游植物总种数的 17.5%,硅藻 9 种,占浮游植物总种数的 15.8%,甲藻 4 种,占浮游植物总种数的 7.0%,裸藻 3 种,占浮游植物总种数的 5.3%,隐藻 3 种,占浮游植物总种数的 5.3%,金藻 2 种,占浮游植物总种数的 3.5%。镜泊湖浮游植物种类组成见图 3.4。

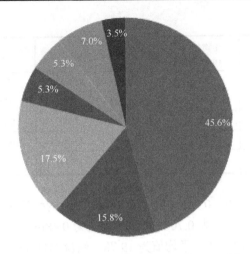

图 3.4　镜泊湖浮游植物组成

2. 浮游植物多样性指数分析

表 3.5 为 2018 年 9 月镜泊湖浮游植物多样性指数，浮游植物的丰度范围为 260500~417000ind./L，其中 D21 站位的丰度值最低，为 260500ind./L，D19 站位的丰度值最高，为 417000ind./L，平均值为 330805.56ind./L。

表 3.5　镜泊湖浮游植物多样性指数

站位	丰度 (ind./L)	生物量 (mg/L)	S	d	J'	H'
D1	301500	0.49	15	1.11	0.8689	3.395
D2	276500	0.53	15	1.117	0.8381	3.274
D3	281500	0.69	20	1.514	0.8476	3.663
D8	383500	0.42	20	1.478	0.5689	2.459
D9	282500	0.53	19	1.434	0.7268	3.087
D10	398000	0.46	16	1.163	0.6457	2.583
D11	271500	0.32	14	1.039	0.6918	2.634
D17	350500	0.46	21	1.567	0.6711	2.948
D18	350000	0.42	20	1.488	0.7268	3.141
D19	417000	0.50	22	1.623	0.6354	2.834
D21	260500	0.35	23	1.764	0.7226	3.269
D23	384000	0.43	18	1.322	0.707	2.948
D24	404000	0.38	19	1.394	0.6513	2.767
D25	323000	0.70	19	1.419	0.7173	3.047

续表

站位	丰度 (ind./L)	生物量 (mg/L)	S	d	J'	H'
D27	325000	0.42	21	1.576	0.738	3.241
D28	336500	0.56	24	1.807	0.7696	3.529
D29	317500	0.49	22	1.658	0.7461	3.327
D30	291500	0.53	28	2.146	0.7911	3.803
总平均	330805.56	0.48	19.78	1.48	0.73	3.11

生物量范围为 0.32～0.70mg/L，其中 D11 站位的生物量最低，为 0.32mg/L，D25 站位的生物量最高，为 0.70mg/L，平均值为 0.48mg/L。

物种数量(S)为 14～28，平均值为 19.78，站位 D11 的物种数量最低，为 14，站位 D30 的物种数量最高，为 28。

丰富度指数(d)为 1.039～2.146，平均值为 1.48，站位 D11 的丰富度指数最低，为 1.039，站位 D30 的丰富度指数最高，为 2.146。

均匀度指数(J')为 0.5689～0.8689，平均值为 0.73，站位 D8 的均匀度指数最低，为 0.5689，站位 D1 的均匀度指数最高，为 0.8689。

香农-维纳多样性指数(H')为 2.459～3.803，平均值为 3.11，站位 D8 的香农-维纳多样性指数最低，为 2.459，站位 D30 的香农-维纳多样性指数最高，为 3.803。

3. 基于浮游植物数据对镜泊湖富营养化程度及水质评价

相关研究表明，在海河口水质污染状况的生物多样性指数法评价中，多样性指数>3，水体为轻/无污染；多样性指数在 1～3 之间，水体为中度污染；多样性指数<1，水体为重度污染。

根据表 3.6 可知，2018 年 9 月镜泊湖浮游植物多样性指数变化在 2.459～3.803 之间。其中 D8 多样性指数最低，为 2.459；D30 多样性指数最高，为 3.803。有 D8、D10、D11、D19、D24、D17、D23 共 7 个站位的水质为中度污染，有 D25、D9、D18、D27、D21、D2、D29、D1、D28、D3、D30，共 11 个站位的水质属于轻量无污染(图 3.5)。

表 3.6　镜泊湖浮游植物多样性指数

采样点位	多样性指数	污染指数
D1	3.395	轻/无污染
D2	3.274	轻/无污染
D3	3.663	轻/无污染
D8	2.459	中度污染

采样点位	多样性指数	污染指数
D9	3.087	轻/无污染
D10	2.583	中度污染
D11	2.634	中度污染
D17	2.948	中度污染
D18	3.141	轻/无污染
D19	2.834	中度污染
D21	3.269	轻/无污染
D23	2.948	中度污染
D24	2.767	中度污染
D25	3.047	轻/无污染
D27	3.241	轻/无污染
D28	3.529	轻/无污染
D29	3.327	轻/无污染
D30	3.803	轻/无污染

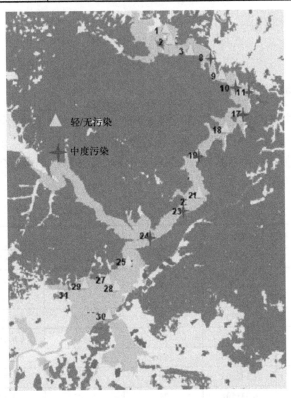

图 3.5　浮游植物表征各站点污染程度图

3.3.3　浮游动物调查结果及分析

1. 浮游动物种类

镜泊湖浮游动物调查共鉴定出浮游动物 4 门 77 种。其中原生动物最多，为 33 种，占 42.9%；桡足类 20 种，占 26.0%；枝角类 13 种，占 16.9%；轮虫 11 种，占 14.3%，如图 3.6 所示。

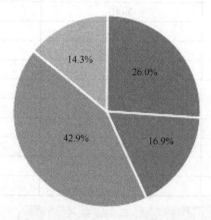

■ 桡足类　■ 枝角类　■ 原生动物　■ 轮虫

图 3.6　各门类物种数占比

2. 浮游动物多样性指数分析

镜泊湖 18 个站位鉴定的 77 种浮游动物，由于体积和数量不同，桡足类与枝角类属于大中型浮游动物，原生动物和轮虫属于小型浮游动物。其丰度、生物量、物种数量、物种丰富度指数(d)、均匀度指数(J')和香农-维纳多样性指数(H')如表 3.7 和表 3.8 所示。

表 3.7　镜泊湖大中型浮游动物各指数

点位	丰度(ind./L)	生物量(mg/L)	S	d	J'	H'
D1	1.18	0.110615	16	89.11	0.954	3.816
D2	1.37	0.098738	14	41.62	0.9258	3.525
D3	0.37	0.025951	7	——	0.9413	2.642
D8	22.27	2.806432	17	5.156	0.9078	3.711
D9	5.7	0.810771	17	9.193	0.8776	3.587
D10	6.3	0.740855	21	10.57	0.8675	3.81
D11	8.25	1.142505	18	8.056	0.9036	3.768
D17	9.75	0.331501	21	8.782	0.7414	3.257

点位	丰度(ind./L)	生物量(mg/L)	S	d	J'	H'
D18	22.65	1.119138	19	5.769	0.9148	3.886
D19	12.8	1.373778	19	7.06	0.9386	3.987
D21	12.71	1.608642	24	9.045	0.8857	4.061
D23	19.78	4.12688	20	6.366	0.8768	3.789
D24	26.28	3.135864	23	6.73	0.734	3.32
D25	44.93	4.366054	15	3.679	0.7427	2.902
D27	33.85	2.337687	20	5.395	0.9079	3.924
D28	2.77	0.177031	16	14.74	0.8643	3.457
D29	2.68	0.195516	20	19.25	0.894	3.864
D30	11.22	1.407211	21	8.273	0.7194	3.16

表 3.8　镜泊湖小型浮游动物各指数

站位	丰度(10^3ind./L)	生物量(10^2μg/L)	S	d	J'	H'
D1	2.6	4.611	15	0.9478	0.9446	3.69
D2	2.8	2.805	12	0.741	0.8463	3.034
D3	2.9	20.0135	14	0.8736	0.9398	3.578
D8	3.0	9.1855	12	0.7376	0.8824	3.163
D9	0.7	0.778	6	0.3715	0.9755	2.522
D10	1.8	1.123	8	0.486	0.8805	2.642
D11	1.1	15.656	7	0.4313	0.9488	2.664
D17	1.6	13.7202	9	0.56	0.9315	2.953
D18	1.7	2.2145	12	0.7668	0.9637	3.455
D19	1.8	28.811	10	0.6249	0.9624	3.197
D21	2.3	17.159	12	0.7509	0.9178	3.29
D23	1.9	3.895	9	0.5534	0.9704	3.076
D24	1.8	9.123	10	0.6249	0.8939	2.969
D25	2.8	1.172	5	0.2694	0.978	2.271
D27	2.2	6.9595	12	0.7532	0.935	3.352
D28	2.8	17.1155	12	0.741	0.9185	3.293
D29	2.8	17.8125	13	0.8168	0.9603	3.554
D30	2.4	7.9645	13	0.8192	0.9551	3.534

根据此次调查中获取样品数据, 镜泊湖大中型浮游动物的丰度范围为 0.37～

44.93ind./L，其中 D25 站位的丰度值最高，为 44.93ind./L，D3 站位的丰度值最低，为 0.37ind./L，平均值为 13.6ind./L。

小型浮游动物的丰度范围 $0.7×10^3$～$3.0×10^3$ind./L，其中 D8 站位的丰度值最高，为 $3.0×10^3$ind./L，D9 站位的丰度值最低，为 $0.7×10^3$ind./L，平均值为 $2.17×10^3$ind./L。

大中型浮游动物的生物量范围为 0.03～4.37mg/L，其中 D25 站位的生物量最高，约为 4.37mg/L，D3 站位的生物量最低，约为 0.03mg/L，平均值为 1.44mg/L。小型浮游动物的生物量范围为 $0.778×10^2$～$28.81×10^2$μg/L。其中 D19 站位的生物量最高，约为 $28.81×10^2$μg/L，D9 站位的生物量最低，约为 $0.78×10^2$μg/L，平均值为 $10.01×10^2$μg/L。

大中型浮游动物物种数范围在 7～24 种，平均值为 18 种，其中 D21 站位最多，为 24 种，D3 站位最少，为 7 种。小型浮游动物物种数范围在 5～15 种，平均值为 11 种，其中 D1 站位最多，为 15 种，D25 站位最少，为 5 种。

大中型浮游动物的 d 的范围为 3.679～89.11，平均值为 14.38，最大值为 89.11，出现在 D1 站位，最小值是 3.679，出现在 D25 站位。小型浮游动物的 d 的范围为 0.2694～0.9478，平均值为 0.659，最大值为 0.9478，出现在 D1 站位，最小值是 0.2694，出现在 D25 站位。

大中型浮游动物的 J' 的范围为 0.7194～0.954，平均值为 0.867，最大值为 0.954，出现在 D1 站位，最小值为 0.7194，出现在 D30 站位。小型浮游动物的 J' 的范围为 0.8463～0.978，平均值为 0.934，最大值为 0.978，出现在 D25 站位，最小值为 0.8463，出现在 D2 站位。

大中型浮游动物的 H' 的范围为 2.642～4.061，平均值为 3.58，其中最高值为 4.061，出现在 D21 站位，最低值为 2.642，出现在 D3 站位。小型浮游动物的 H' 的范围为 2.271～3.69，平均值为 3.12，其中最高值为 3.69，出现在 D1 站位，最低值为 2.271，出现在 D25 站位。

3. 物种优势度

该指数是表示动物群落中某一物种在其中所占优势的程度，公式表达具体如下：

$$Y = \frac{n_i}{N} f_i$$

式中：N 为各采样点所有物种个体总数；n_i 为第 i 种的个体总数；f_i 为该物种在各个采样点出现的频率。当 $Y > 0.02$ 时，该物种为群落中的优势种。

通过公式计算得出，优势种分别为：桡足类有近邻剑水蚤、跨立小剑水蚤、爪哇小剑水蚤、英勇剑水蚤、短尾温剑水蚤、透明温剑水蚤、白色大剑水蚤、小拟哲水蚤、太平指镖水蚤、厚足荡镖水蚤；枝角类有多刺秀体溞、僧帽溞、长额象鼻溞、脆弱象鼻溞、简弧象鼻溞、透明薄皮溞；原生动物有盖厢壳虫、条纹喙纤虫、冠帆口虫、齿脊肾形虫、淡水筒壳虫、太阳晶盘虫、圆柱杯虫；轮虫有襄形单趾轮虫、暗小异尾轮虫、卜氏晶囊轮虫。

3.3.4　底栖生物调查结果及分析

1. 底栖生物种类组成

2018 年 9 月镜泊湖大型底栖动物调查共鉴定出 3 门 3 纲 14 种。其中，寡毛纲种类最多，为 7 种，占 50.00%；昆虫纲 6 种，占 42.86%；瓣鳃纲 1 种，占 7.14%，如图 3.7 所示。

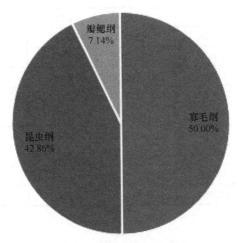

图 3.7　底栖生物种类组成

2. 底栖生物多样性指数分析

如表 3.9 所示，根据此次调查中获取样品数据，镜泊湖的丰度范围为 272～39984 ind./m²，站位 D21 丰度最高，丰度值为 39984 ind./m²；站位 D29 的丰度最小，丰度值为 272 ind./m²；平均数为 9123 ind./m²。

表 3.9　底栖生物多样性指数

站位	丰度(ind./m²)	生物量(g/m²)	H'	d	J'	BI
D29	272	0.4512	1.78	2.48	0.9937	7.97
D26	1808	0.816	2.067	2.582	0.9939	7.03
D31	1040	0.4896	1.774	2.137	0.99	6.96

续表

站位	丰度(ind./m²)	生物量(g/m²)	H'	d	J'	BI
D32	5840	2.8416	2.239	2.944	0.9722	6.68
D24	1280	0.64	2.173	2.979	0.9892	8.53
D22	10384	16.4288	1.442	1.593	0.8962	6.96
D35	2512	6.8384	1.55	1.699	0.9632	8.36
D33	1536	1.6224	2.067	2.629	0.9938	7.95
D19	5568	1.296	1.693	1.939	0.9448	7.8
D21	39984	25.3184	1.836	1.852	0.9437	9.16
D23	18736	19.6208	1.703	1.691	0.9505	5.35
D10	1744	1.8032	2.058	2.611	0.9898	6.78
D25	4512	0.8384	2.148	2.754	0.9774	6.65
D20	4272	7.5568	1.855	2.244	0.9531	8.63
D28	5472	1.1632	2.044	2.417	0.9828	6.55
D27	18464	25.1296	1.809	2.018	0.9295	6.54
D30	2192	0.9808	2.274	3.127	0.9877	6.23
D34	12448	11.728	1.968	2.329	0.9466	6.69
D17	2384	1.2416	2.135	2.901	0.9716	7.53
D9	12624	14.016	1.886	2.01	0.9691	6.27
D18	39704	16.332	1.923	2.217	0.9247	7.36
D11	7936	13.5096	1.966	2.42	0.9452	8.62

生物量范围为 0.4512~25.3184 g/m²，站位 D21 生物量最高，为 25.3184 gm²；站位 D29 生物量最低，为 0.4512 g/m²；平均数为 7.7574 g/m²。

镜泊湖的生物多样性指数 H' 范围为 1.442~2.274，站位 D30 的生物多样性指数最高，为 2.274；站位 D22 的生物多样性指数最低，为 1.442。

优势度指数 d 的范围为 1.593~3.127，站位 D30 的优势度指数最高，为 3.127；站位 D22 的优势度指数最低，为 1.593。

D26 的分布均匀度指数 J' 最高，为 0.9939；D22 的分布均匀度指数最低，为 0.8962。

BI 指数计算公式为

$$BI = \sum_{i=1}^{n} n_i \times \frac{t_i}{N}$$

式中：n_i 为第 i 个分类单元(通常为属级或种级)的个体数；t_i 为第 i 个分类单元的

耐污值；N 为样本总个体。

　　根据 BI 指数评价标准，当 BI<4.2 时，评价结果为最清洁；当 BI 为 4.2～5.7 时，评价结果为清洁；当 BI 为 5.7～7.0 时，评价结果为轻污染；当 BI 为 7.0～8.5 时，评价结果为中污染；当 BI>8.5 时，评价结果为重污染。

　　由此次调查中获取样品数据分析可以得知中污染标准的站位有 7 个，分别为 D17、D18、D19、D26、D29、D33、D35，占总数的 27.3%；轻污染标准的站位有 10 个，分别为 D9、D10、D22、D25、D27、D28、D30、D31、D32、D34，占总数的 45.5%；重污染标准的站位有 4 个，分别为 D11、D20、D21、D24，占总数的 18.2%；清洁标准的站位只有 1 个，为 D23，占总数的 4.5%(表 3.9)。利用底栖生物 BI 指数判断的环境污染程度分布图见图 3.8。

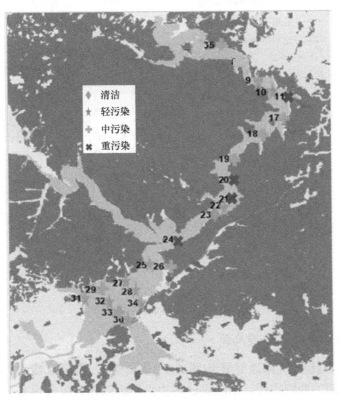

图 3.8　底栖生物表征镜泊湖站点污染程度

3.4　岸带情况调查与分析

　　镜泊湖岸带长度约 201.28km，根据对镜泊湖组成及其影响因素的分析，结合分类的原则，确定类型划分的依据依次为：整体地貌形态、人类开发利用状况和湖泊发育状况，依此建立镜泊湖岸带三级分类体系。镜泊湖岸带可以分为七种类型，依次分别为山林-山石陡坡-无滩地型、山林-山石陡坡-有滩地型、山林-硬质挡墙-无滩地型、山林-土质斜坡-无滩地型、农田-土质斜坡-无滩地型、农田-土质斜坡-有滩地型和河口型。镜泊湖岸带类型分布情况如图 3.9 所示。

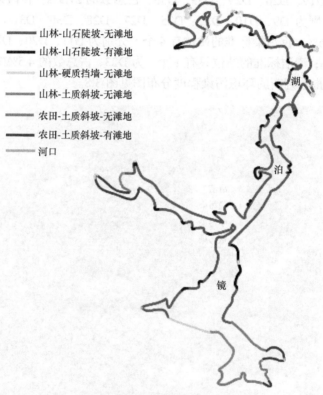

図例：
—— 山林-山石陡坡-无滩地
—— 山林-山石陡坡-有滩地
—— 山林-硬质挡墙-无滩地
—— 山林-土质斜坡-无滩地
—— 农田-土质斜坡-无滩地
—— 农田-土质斜坡-有滩地
—— 河口

图 3.9　镜泊湖岸带类型分布图

1. 山林-山石陡坡-无滩地型

山林-山石陡坡-无滩地型岸带(图 3.10)依山傍水，地势梯度大，湖岸陡峭。由于湖水长期的冲刷作用，水陆界线两边沿岸带以碎石组成为主，不利于植被的生长。岸线上土地利用情况主要为山林，山体陡峭，岸带水生植被较少，直接过渡为陆生林木，陆上土层较薄，且存在众多不稳定性因素，如滑坡、泥石流等，生态环境比较脆弱，一旦破坏，恢复起来十分困难。山林-山石陡坡-无滩地型岸带长约 156.81km，占镜泊湖岸带总长度的 77.91%，为镜泊湖岸带的主要类型。

图 3.10 山林-山石陡坡-无滩地型岸带

2. 山林-山石陡坡-有滩地型

山林-山石陡坡-有滩地型岸带(图 3.11)岸坡以上土地利用以山林为主,岸坡陡峭, 与山林-山石陡坡-无滩地型岸带相比, 有部分滩地裸露在外, 滩地以碎石或沙地成分为主, 当镜泊湖水位较高时滩地会被淹没。山林-山石陡坡-有滩地型岸带长约 20.38km, 占镜泊湖岸带总长度的 10.13%, 为镜泊湖岸带的第二大类型。

图 3.11 山林-山石陡坡-有滩地型岸带

3. 山林-硬质挡墙-无滩地型

山林-硬质挡墙-无滩地型岸带(图 3.12)一般岸带旁边建有旅游景区或宾馆, 通过人工建设硬质挡墙保护岸带或修建码头, 自然岸坡遭到人为破坏。山林-硬质挡墙-无滩地型岸带长约 4.89km, 占镜泊湖岸带总长度的 2.43%。

图 3.12　山林-硬质挡墙-无滩地型岸带

4. 山林-土质斜坡-无滩地型

山林-土质斜坡-无滩地型岸带(图 3.13)一般处于湖湾处，岸带结构复杂，湖湾内水动力条件相对缓和，水质相对较好，有利于水生植物的生长，以挺水植物为主，水生-湿生-陆生植物类型均有分布；湖湾之间的岬脚下一般形成陡岸深水环境,且多块石,不适于水生植物生长。山林-土质斜坡-无滩地型岸带长约4.22km,占镜泊湖岸带总长度的 2.1%。

图 3.13　山林-土质斜坡-无滩地型岸带

5. 农田-土质斜坡-无滩地型

农田-土质斜坡-无滩地岸带(图 3.14)主要位于镜泊湖南部，岸带上方已经被开垦为农田或建设为村庄，自然岸带遭到人为破坏，水位线以下由于岸坡陡峭未形成滩地，此类岸带生态功能较弱，是湖泊外源输入的重要区域。农田-土质斜坡-无滩地岸带长约 3.06km,占镜泊湖岸带总长度的 1.52%。

图 3.14　农田-土质斜坡-无滩地型岸带

6. 农田-土质斜坡-有滩地型

农田-土质斜坡-有滩地型岸带也主要位于镜泊湖南部，与农田-土质斜坡-无滩地型岸带比邻或者交错，农田-土质斜坡-有滩地型岸带水位线以下岸坡有大量滩涂湿地，一般生长有芦苇等挺水植物，对湖泊外源污染负荷有一定的缓冲过滤功能。农田-土质斜坡-有滩地型岸带长度约 9.96km，占镜泊湖岸带总长度的 4.95%。

7. 河口型

河口型岸带(图 3.15)是河流的入、出湖口，主要地貌特征为河口的边缘处有

图 3.15　河口型岸带

边滩，前缘有心滩和浅滩，形成复杂的滩地、水面镶嵌结构，湿生、水生植物多样。有些河流因输沙量较大，泥沙堆积在河口，逐渐发育成河口三角洲湿地；但基于人类通航及滨水环境利用的需要，对河口进行不同方式和程度的改造，如河口滩地被开挖，底质被疏浚，有些河口处水深高，加上过往船舶以及油污染的影响，水生植被难以生存下来。该类型湖滨带零星分布，主要位于镜泊湖南部入湖河口、北部出湖河口。河口型岸带长度约 1.96km，占镜泊湖岸带总长度的 0.97%。

第4章 镜泊湖入湖河流污染负荷调查与分析

4.1 镜泊湖入湖河流水质调查方法

牡丹江入镜泊湖水体水质通过地方资料搜集,使用 2018 年监测点位大山咀子数据分析牡丹江入镜泊湖水体水质变化。

牡丹江其他河流水体水质通过现场调查获取,2018 年 9 月、10 月与 2019 年 5 月于镜泊湖其他入湖河流入湖口处布设点位,调查镜泊湖其他入湖河流,使用水样采集器取混合水样,现场监测水体理化指标,营养盐等指标送实验室分析检测。具体点位分布见表 4.1 及图 4.1。针对镜泊湖其他入湖水质进行的主要监测内容包括:DO、pH、Eh、电导率、透明度、总氮、总磷、氨氮、高锰酸盐指数等。

表 4.1 镜泊湖其他入湖河流调查点位与名称

点位	河流名称	点位	河流名称
H1	大柳树河	H18	大夹吉河
H2	大丛子河	H19	石头河
H3	老黑山溪流一	H25	西大泡子上游支流一
H4	老黑山溪流二	H26	西大泡子上游支流二
H6	梨树河	H27	老干打磨沟
H9	尔站河	H28	蛤蟆塘沟
H13	松乙河	H29	天桥岭溪流一
H15	房身沟	H30	天桥岭溪流二
H17	小夹吉河		

pH、Eh、电导率和 DO 利用便携式仪器进行测定;透明度利用塞氏盘测定;总氮(TN)含量采用碱性过硫酸钾消解紫外分光光度法测定;总磷(TP)含量采用过硫酸钾消解钼酸铵分光光度法测定;氨氮采用纳氏比色法测定;硝氮浓度采用紫外分光光度法测定;高锰酸盐指数(COD_{Mn})采用酸性加热条件下高锰酸钾氧化法测定。

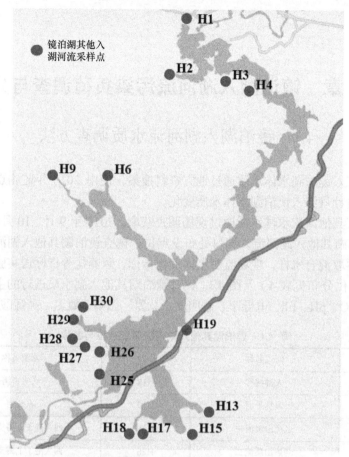

图 4.1　镜泊湖其他入湖河流调查点位分布图

4.2　牡丹江入镜泊湖水质污染特征分析

1. 牡丹江入镜泊湖水体中 TN 的污染特征分析

使用 2018 年监测点位大山咀子数据分析牡丹江入镜泊湖水体中 TN 浓度变化。2018 年牡丹江入镜泊湖水体中 TN 浓度变化情况如图 4.2 所示。牡丹江水体中 TN 浓度最高出现在 2 月,浓度为 2.4mg/L,最低出现在 6 月,浓度为 0.6mg/L。2018 年全年牡丹江入镜泊湖水体中 TN 浓度平均值为 1.09mg/L。

2. 牡丹江入镜泊湖水体中氨氮的污染特征分析

统计 2013～2018 年监测点位大山咀子数据分析牡丹江入镜泊湖水体中氨氮浓度变化,分析结果见图 4.3。牡丹江入镜泊湖水体中氨氮浓度较高时段出现在 4

月，2013 年至 2018 年数据呈现出不同程度的升高。从 2014 年开始，牡丹江入镜泊湖水体中氨氮呈不断升高趋势，从 2014 年的 0.17mg/L 升至 2018 年的 0.34mg/L。

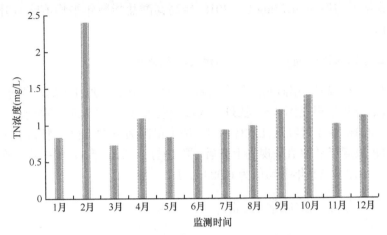

图 4.2　牡丹江水体中 TN 含量变化图

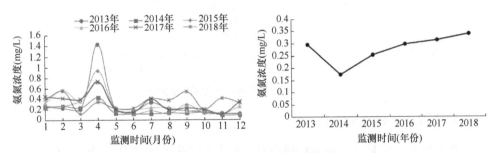

图 4.3　牡丹江水体中氨氮含量变化图

3. 牡丹江入镜泊湖水体中高锰酸盐指数特征分析

统计 2013～2018 年省控监测点位大山咀子数据，分析牡丹江入镜泊湖水体中高锰酸盐指数变化，分析结果见图 4.4。牡丹入镜泊湖水体中高锰酸盐指数

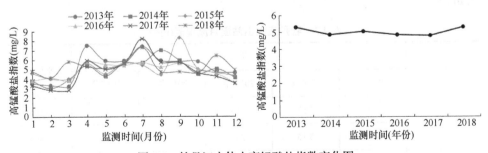

图 4.4　牡丹江水体中高锰酸盐指数变化图

2013～2018 年月度数据在 2.8～9mg/L 范围内变化，整体变化范围不大。牡丹江入镜泊湖水体中高锰酸盐指数年平均值呈现先略微下降后上升趋势，2017 年高锰酸盐指数年平均值为 4.78mg/L，2018 年高锰酸盐指数年平均值略有升高，为 5.27mg/L。

4. 牡丹江入镜泊湖水体中 TP 的污染特征分析

统计 2013～2018 年监测点位大山咀子数据，分析牡丹江入镜泊湖水体中 TP 浓度变化，分析结果见图 4.5。牡丹江入镜泊湖水体中 TP 浓度较高时段，出现在 6～9 月，2016 年 8 月牡丹江水体中 TP 浓度最高为 0.24mg/L。牡丹江入镜泊湖水体中 TP 浓度年平均值呈现先上升后下降趋势，2016 年 TP 年平均值最高，为 0.1mg/L，2018 年 TP 年平均值为 0.083mg/L。

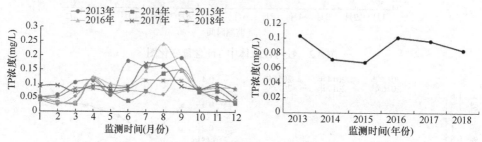

图 4.5 牡丹江水体中 TP 含量变化图

5. 牡丹江入镜泊湖流量分析

根据牡丹江市环境监测站提供资料，统计了牡丹江 2013 年至 2017 年逐月流量，结果见表 4.2。牡丹江 5～9 月流量较大，为丰水期，其中 7 月流量多年平均流量达到 184.26m³/s。牡丹江 1～3 月流量较小，不到 10m³/s，为枯水期，其中 2 月流量最小，多年平均流量为 3.804m³/s。10～12 月为平水期，牡丹江流量处于 20～40m³/s 之间。可以计算出，多年平均条件下，牡丹江入镜泊湖水量约为 25.3 亿 m³/a。

表 4.2 牡丹江大山站逐月流量表(m³/s)

月份	年度					平均值
	2013 年	2014 年	2015 年	2016 年	2017 年	
1 月	8.1	7.53	3.54	5.26	8.1	6.506
2 月	4.91	3.15	2.6	3.8	4.56	3.804
3 月	4.85	4.82	4.75	3.6	4.15	4.434

月份	年度					平均值
	2013 年	2014 年	2015 年	2016 年	2017 年	
4 月	60	96.6	58.7	86.5	122	84.76
5 月	268	76.1	47.3	244	135	154.08
6 月	143	138	63.6	110	133	117.52
7 月	185	37	46.4	226	427	184.28
8 月	459	34.1	37.2	77.9	229	167.44
9 月	140	30.8	294	66.8	62.9	118.9
10 月	45	29	36.2	44.3		38.625
11 月	28.5	37.7	24.5	19		27.425
12 月	16.6	7.58	12.5	76.7		28.345

4.3　镜泊湖其他入湖河流水质污染特征分析

2018 年 9 月、10 月，2019 年 5 月对镜泊湖除牡丹江外的其他入湖河流进行河流流速、流量和水质调查。根据调查结果分析镜泊湖出入湖水质污染特征，分析镜泊湖出入湖河流水量及河流水体中氮、磷等指标的大小。

1. 镜泊湖其他入湖河流中 TN 的污染特征分析

2018 年 9 月、10 月和 2019 年 5 月对镜泊湖入湖河流进行取样分析，检测水体中 TN 浓度，结果见图 4.6。2018 年 9 月镜泊湖其他入湖河流中 TN 浓度变化范围在 0.38～2.88mg/L 之间，平均值为 1.32mg/L。2018 年 10 月镜泊湖入湖河流中 TN 浓度变化范围在 0.35～2.8mg/L 之间，平均值为 1.36mg/L。2019 年 5 月镜泊湖入湖河流中 TN 浓度变化范围在 0.36～1.94mg/L 之间，平均值为 1.14mg/L。镜泊湖入湖河流中 TN 浓度最高的河流为老干打磨沟，其次为石头河。大多数镜泊湖入湖河流中 TN 浓度在 2019 年 5 月的要低于 2018 年 9 月、10 月的。

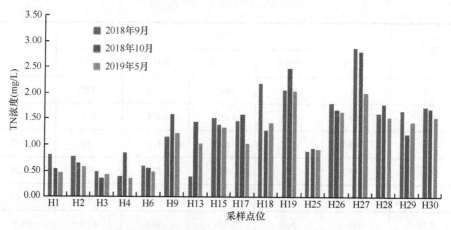

图 4.6　镜泊湖其他入湖河流水体中 TN 变化图

2. 镜泊湖其他入湖河流中氨氮的污染特征分析

2018 年 9 月、10 月和 2019 年 5 月对镜泊湖其他入湖河流进行取样分析，检测水体中氨氮浓度，结果见图 4.7。2018 年 9 月镜泊湖入湖河流中氨氮浓度变化范围在 0.22～0.73mg/L 之间，平均值为 0.35mg/L。2018 年 10 月镜泊湖其他入湖河流中氨氮浓度变化范围在 0.05～0.54mg/L 之间，平均值为 0.27mg/L。2019 年 5 月镜泊湖其他入湖河流中氨氮浓度变化范围在 0.011～0.34mg/L 之间，平均值为 0.21mg/L。镜泊湖其他入湖河流中氨氮浓度与《地表水环境质量标准》(GB 3838—2002)比较，2018 年 9 月、10 月和 2019 年 5 月河流全部处于Ⅲ类水状态，说明镜泊湖出入湖河流中氨氮浓度基本达标。

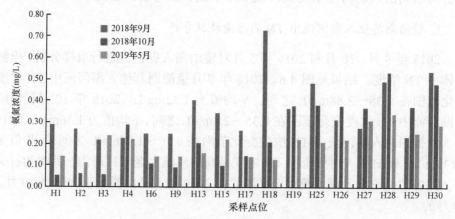

图 4.7　镜泊湖其他入湖河流水体中氨氮变化图

3. 镜泊湖其他入湖河流中 TP 的污染特征分析

2018 年 9 月、10 月和 2019 年 5 月对镜泊湖出入湖河流进行取样分析，检测水体中 TP 浓度，结果见图 4.8。2018 年 9 月镜泊湖出入湖河流中 TP 浓度变化范围在 0.02～0.16mg/L 之间，平均值为 0.073mg/L。2018 年 10 月镜泊湖出入湖河流中 TP 浓度变化范围在 0.02～0.19mg/L 之间，平均值为 0.069mg/L。2019 年 5 月镜泊湖入湖河流中 TP 浓度变化范围在 0.01～0.13mg/L 之间，平均值为 0.051mg/L。2019 年 5 月的镜泊湖入湖河流中 TP 浓度明显低于 2018 年 9 月、10 月的。

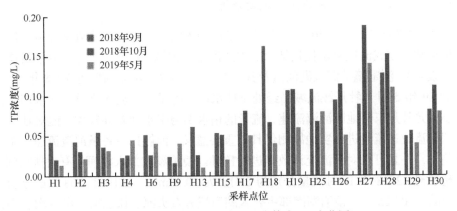

图 4.8 镜泊湖其他入湖河流水体中 TP 变化图

4. 镜泊湖其他入湖河流中高锰酸盐指数特征分析

2018 年 9 月、10 月和 2019 年 5 月对镜泊湖入湖河流进行取样分析，检测水体中高锰酸盐指数，结果见图 4.9。2018 年 9 月镜泊湖其他入湖河流中高锰酸盐

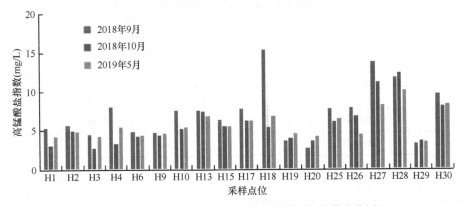

图 4.9 镜泊湖其他入湖河流水体中高锰酸盐指数变化图

指数变化范围在 2.42～15.31mg/L 之间，平均值为 7.29mg/L。2018 年 10 月镜泊
湖其他入湖河流高锰酸盐指数变化范围在 2.69～12.42mg/L 之间，平均值为
5.71mg/L。2019 年 5 月镜泊湖其他入湖河流高锰酸盐指数变化范围在 4.31～
10.22mg/L 之间，平均值为 5.75mg/L。从高锰酸盐指数分析 2018 年 9 月镜泊湖
其他入湖河流大部分水体处于Ⅳ类水状态，老干打磨沟和蛤蟆塘沟处于Ⅴ类水状
态，大夹吉河处于劣Ⅴ类水状态。2018 年 10 月镜泊湖其他入湖河流大部分水体
高锰酸盐指数处于Ⅲ～Ⅳ类水状态，水质好于 9 月。2019 年 5 月大多数河流高锰
酸盐指数也为Ⅲ～Ⅳ类水。

5. 镜泊湖其他入湖河流流速流量分析

于 2018 年 10 月和 2019 年 5 月对镜泊湖入湖河流进行流速流量测定，使用
浮标法和走航式流速测定仪相结合的方式测定镜泊湖入湖河流流速流量，具体结
果见表 4.3。测定镜泊湖入湖河流及其上游支流 18 条，测定时间为 2018 年 10 月
与 2019 年 5 月，牡丹江流域已经处于枯水期，各条河流流速流量与丰水期相比
偏小，尤其是东部地区河流流速、流量的枯水期与丰水期差异较大，但对牡丹江
入湖河流流速流量进行实地勘测仍具有重要意义，能够比较各条河流流速、流量
的差异，并且可以对河流统计数据进行校准。镜泊湖北部入湖河流有大柳树河、
丛丛子河，2018 年 10 月流量分别为 2.41m³/s、0.25m³/s，2019 年 5 月流量分别为
1.82m³/s、0.22m³/s。镜泊湖南部主要入湖河流有石头河、松乙河、房身沟、小夹
吉河和大夹吉河等，2018 年 10 月流量分别为 2.46m³/s、2.75m³/s、2.48m³/s、1.64m³/s、
0.50m³/s 等，2019 年 5 月流量分别为 2.11m³/s、2.38m³/s、2.22m³/s、1.56m³/s、0.32m³/s
等，流量最大的为松乙河。镜泊湖东侧有尔站河、梨树河汇入，2018 年 10 月流量
分别为 12.69m³/s、1.98m³/s，2019 年 5 月流量分别为 9.52m³/s、1.47m³/s。

表 4.3　镜泊湖其他入湖河流流速流量监测结果

点位	名称	流量(m³/s)		流速(m/s)	
		2018 年 10 月	2019 年 5 月	2018 年 10 月	2019 年 5 月
H1	大柳树河	2.41	1.82	0.234	0.182
H2	丛丛子河	0.25	0.22	0.056	0.068
H3	老黑山溪流一	0.06	0.05	0.386	0.392
H4	老黑山溪流二	0.02	0.01	0.471	0.384
H6	梨树河	1.98	1.47	0.733	0.862
H9	尔站河	12.69	9.52	0.462	0.42
H13	松乙河	2.75	2.38	0.327	0.44

续表

点位	名称	流量(m³/s)		流速(m/s)	
		2018 年 10 月	2019 年 5 月	2018 年 10 月	2019 年 5 月
H14	柳树河子沟	0.02	0.03	0.297	0.219
H15	房身沟	2.48	2.22	0.83	0.89
H17	小夹吉河	1.64	1.56	0.696	0.48
H18	大夹吉河	0.50	0.32	0.417	0.482
H19	石头河	2.46	2.11	0.362	0.32
H25	西大泡子上游支流一	0.05	0.03	0.022	0.025
H26	西大泡子上游支流二	0.03	0.03	0.018	0.016
H27	老干打磨沟	0.23	0.22	0.211	0.22
H28	蛤蟆塘沟	0.18	0.18	0.082	0.063
H29	天桥岭溪流一	0.03	0.04	0.018	0.013
H30	天桥岭溪流二	0.04	0.02	0.086	0.062

4.4　镜泊湖入湖河流污染负荷核算

1. 牡丹江入镜泊湖污染负荷核算

使用牡丹江大山咀子站典型年份流量数据与 2018 年水质数据计算牡丹江入镜泊湖污染负荷，结果见表 4.4。牡丹江入镜泊湖污染负荷为 TN 2446.60t/a、TP 232.38t/a、氨氮 913.75t/a 和 COD 14633.56t/a。

表 4.4　牡丹江入镜泊湖污染负荷

月份	TN(t)	TP(t)	氨氮(t)	COD(t)
1 月	11.69	0.70	5.54	67.62
2 月	24.43	0.51	5.66	41.73
3 月	6.94	0.77	1.12	55.92
4 月	252.53	20.85	169.13	1366.92
5 月	542.43	45.75	141.16	3333.00
6 月	176.77	23.57	64.82	1649.89
7 月	562.95	66.59	245.15	4418.82
8 月	206.56	22.95	76.78	980.64

续表

月份	TN(t)	TP(t)	氨氮(t)	COD(t)
9 月	214.70	19.68	95.18	840.91
10 月	166.11	9.49	23.37	545.80
11 月	51.40	5.09	20.51	325.69
12 月	230.09	16.43	65.33	1006.62
合计	2446.60	232.38	913.75	14633.56

2. 镜泊湖入湖河流(牡丹江市)污染负荷核算

使用牡丹江大山咀子站点 2018 年水质数据与镜泊湖其他入湖河流 2018 年 9 月、10 月和 2019 年 5 月水质数据逐月类推镜泊湖其他入湖河流的其他月份水质，并根据牡丹江典型年份流量和现场测定其他入湖河流流量类推其他入湖河流全年入湖流量。计算出的其他河流入镜泊湖污染负荷结果见表 4.5。其他河流入镜泊湖污染负荷为 TN 1404.44t/a、TP 54.48t/a、氨氮 341.14t/a 和 COD 9998.59t/a。

表 4.5 其他河流入镜泊湖污染负荷

序号	点位	河流名称	污染负荷(t/a)			
			TN	TP	氨氮	COD
1	H1	大柳树河	71.40	4.28	21.17	745.64
2	H2	丛丛子河	7.50	0.51	2.16	95.80
3	H3	老黑山溪流一	1.10	0.15	0.45	15.77
4	H4	老黑山溪流二	0.47	0.03	0.37	7.64
5	H6	梨树河	48.36	4.26	21.23	660.78
6	H9	尔站河	727.98	13.92	125.31	4215.81
7	H13	松乙河	101.06	6.61	51.50	1503.87
8	H15	房身沟	154.64	7.54	30.50	1078.08
9	H17	小夹吉河	105.24	7.10	20.91	839.60
10	H18	大夹吉河	61.68	3.18	38.71	382.51
11	H19	石头河	81.04	2.70	11.49	122.74
12	H25	西大泡子上游支流一	2.69	0.20	0.99	21.77
13	H26	西大泡子上游支流二	2.42	0.32	0.94	19.50
14	H27	老干打磨沟	16.19	1.48	6.35	124.09

续表

序号	点位	河流名称	污染负荷(t/a)			
			TN	TP	氨氮	COD
15	H28	蛤蟆塘沟	13.00	1.12	5.43	101.30
16	H29	天桥岭溪流一	6.65	0.75	0.79	27.26
17	H30	天桥岭溪流二	3.02	0.33	2.84	36.43
		合计	1404.44	54.48	341.14	9998.59

3. 镜泊湖入湖河流污染负荷核算汇总

镜泊湖入湖污染负荷：TN 3851.04t/a、TP 286.86t/a、氨氮 1254.89t/a 和 COD 24632.15t/a(表4.6)，其中牡丹江入镜泊湖污染负荷和占比为 TN 2446.60t/a(63.53%)、TP 232.38t/a(81.01%)、氨氮913.75t/a(72.82%)和 COD 14633.56t/a(59.41%)；其他河流入镜泊湖污染负荷和占比为 TN 1404.44t/a(36.47%)、TP 54.48t/a(18.99%)、氨氮341.14t/a(27.18%)和 COD 9998.59t/a(40.59%)(图 4.10)。

表 4.6 镜泊湖入湖河流污染负荷及占比

项目	TN	TP	氨氮	COD
其他所有入湖河流污染负荷(t/a)	1404.44	54.48	341.14	9998.59
牡丹江入湖污染负荷(t/a)	2446.60	232.38	913.75	14633.56
其他所有入湖河流污染负荷占比(%)	36.47	18.99	27.18	40.59
牡丹江入湖污染负荷占比(%)	63.53	81.01	72.82	59.41
镜泊湖入湖河流污染负荷总量(t/a)	3851.04	286.86	1254.89	24632.15

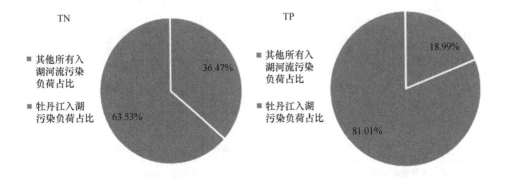

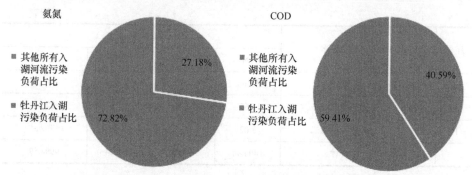

图 4.10　牡丹江入镜泊湖与其他河流入镜泊湖污染负荷占比图

镜泊湖流域入湖河流污染负荷占比如图 4.11 所示，入湖河流污染负荷 TN 中尔站河占比最高，为 51.83%；其次为房身沟，占比为 11.01%；第三为小夹吉河，占比 7.49%；第四为松乙河，占比 7.20%。入湖河流污染负荷 TP 中尔站河占比最高，为 25.55%；其次为房身沟，占比为 13.84%；第三为大夹吉河，占比为 13.03%；

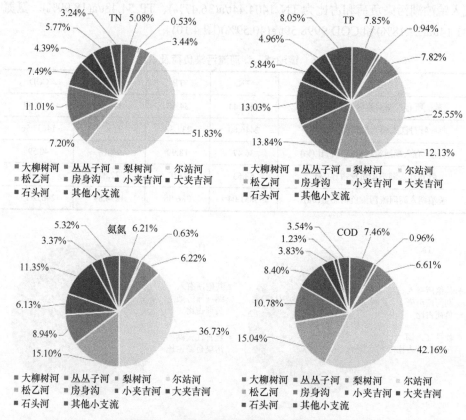

图 4.11　镜泊湖入湖河流污染负荷占比图

第四为松乙河，占比 12.13%。入湖河流污染负荷氨氮中尔站河占比最高，为
36.73%；其次为松乙河，占比为 15.10%；第三为大夹吉河，占比 11.35%；第四
为房身沟，占比 8.94%。入湖河流污染负荷 COD 与入湖河流污染氨氮大小排序
相似。

第5章　镜泊湖水质-水动力模型构建及桃花水、暴雨洪水对水质底质的影响

5.1　湖区二维水流模型

建立湖区二维模型的目的是分析湖区的水量平衡，研究湖区的水位、流速变化特征，为后续污染物计算提供必需的水动力场要素。

镜泊湖换水周期快，垂直方向差异不会很大，因此选用 MIKE 二维水动力模型来进行建模和应用。

5.1.1　水流模型原理

湖区二维水流模型采用 MIKE 21 HD 水动力模型搭建，模型基本原理如下：

1. 基本控制方程

笛卡儿坐标系下的二维浅水方程为

$$\frac{\partial h}{\partial t} + \frac{\partial hu}{\partial x} + \frac{\partial hv}{\partial y} = hS \tag{5.1}$$

$$\frac{\partial h\bar{u}}{\partial t} + \frac{\partial h\bar{u}^2}{\partial x} + \frac{\partial h\bar{v}u}{\partial y} = f\,\bar{v}h - gh\frac{\partial \eta}{\partial x} - \frac{h}{\rho_0}\frac{\partial p_a}{\partial x} - \frac{gh^2}{2\rho_0}\frac{\partial \rho}{\partial x}$$

$$+ \frac{\tau_{sx}}{\rho_0} - \frac{\tau_{bx}}{\rho_0} - \frac{1}{\rho}\left(\frac{\partial s_{xx}}{\partial x} + \frac{\partial s_{xy}}{\partial x}\right) + \frac{\partial}{\partial x}\left(hT_{xx}\right) + \frac{\partial}{\partial x}\left(hT_{xy}\right) + hu_s S \tag{5.2}$$

$$\frac{\partial h\bar{v}}{\partial t} + \frac{\partial h\bar{u}v}{\partial x} + \frac{\partial h\bar{v}^2}{\partial y} = -f\bar{u}h - gh\frac{\partial \eta}{\partial y} - \frac{h}{\rho_0}\frac{\partial p_a}{\partial y} - \frac{gh^2}{2\rho_0}\frac{\partial \rho}{\partial y}$$

$$+ \frac{\tau_{sy}}{\rho_0} - \frac{\tau_{by}}{\rho_0} - \frac{1}{\rho_0}\left(\frac{\partial s_{yx}}{\partial y} + \frac{\partial s_{yy}}{\partial x}\right) + \frac{\partial}{\partial x}\left(hT_{xy}\right) + \frac{\partial}{\partial y}\left(hT_{yy}\right) + hv_s S \tag{5.3}$$

该二维浅水方程基于 Boussinesq 涡黏假定和静压假定。方程中，t 为时间；x 和 y 为右手 Cartesian 坐标系；η 为水面相对于未扰动水面的高度即通常所说的水位；h 为总水深；$\bar{u}$ 和 $\bar{v}$ 为垂向平均流速在 x 和 y 方向上的分量；p_a 为当地大气压；ρ 为水密度；ρ_0 为参考水密度；$f=2\Omega\sin\varphi$，为 Coriolis 力参数(其中 Ω =0.729×10^{-4}s^{-1}，为地球自转角速率，φ 为地理纬度)；$f\bar{v}$ 和 $f\bar{u}$ 为地球自转引

起的加速度；s_{xx}、s_{xy}、s_{yx}、s_{yy} 为辐射应力分量；T_{xx}、T_{xy}、T_{yx}、T_{yy} 为水平黏滞应力项；S 为源汇项；(u_s, v_s) 为源汇项水流流速。

温度 T 的计算遵循通用的传输-扩散方程：

$$\frac{\partial h\overline{T}}{\partial t} + \frac{\partial h\overline{u}\,\overline{T}}{\partial x} + \frac{\partial h\overline{v}\,\overline{T}}{\partial y} = hF_T + h\hat{H} + hT_sS \tag{5.4}$$

式中：$\hat{H}$ 为与大气热交换的源项；$\overline{T}$ 为关于水深的平均温度；F 为由下面方程定义的水平扩散项：

$$F_T = \left[\frac{\partial}{\partial x}\left(D_k \frac{\partial}{\partial x}\right) + \frac{\partial}{\partial y}\left(D_k \frac{\partial}{\partial y}\right) \right] \cdot T \tag{5.5}$$

式中：D_k 为水平扩散系数。

该扩散系数与涡黏有关：

$$D_k = \frac{A}{\sigma_T} \tag{5.6}$$

式中：σ_T 为普朗特数；A 为水平涡黏。

2. 湍流模型

湍流建模采用大涡模拟方法中的 Smagorinsky 亚网格尺度模型。该模型用一个与特征长度尺度相关的有效涡黏值来描述亚网格尺度输移。亚网格尺度涡黏值由下式给出：

$$A = c_s^2 l^2 \sqrt{2S_{ij}S_{ij}} \tag{5.7}$$

式中：c_s 为定值；l 为特征长度，形变率由下式给出：

$$S_{ij} = \frac{1}{2}\left(\frac{\partial u_i}{\partial x_j} + \frac{\partial u_j}{\partial x_i} \right) \quad (i, j = 1, 2) \tag{5.8}$$

3. 底部应力

底部应力 $\vec{\tau}_b = \left(\tau_{bx}, \tau_{by} \right)$ 遵循二次摩擦定律：

$$\frac{\vec{\tau}_b}{\rho_0} = c_f \vec{u}_b \left| \vec{u}_b \right| \tag{5.9}$$

式中；c_f 为阻力系数；$\vec{u}_b = \left(u_{bx}, u_{by} \right)$，为底部水流滑移速度。

对于二维计算而言，$\vec{u}_b$ 是关于水深的平均速度，阻力系数可以由曼宁系数 M 得到。

$$c_f = \frac{g}{(Mh^{1/6})^2} \tag{5.10}$$

曼宁系数可以由底床糙率长度得到：

$$M = \frac{25.4}{k_s^{1/6}} \tag{5.11}$$

5.1.2　水流模型搭建与率定

1. 模型搭建

MIKE 21 HD 水动力模型的输入数据可以分成以下几个部分：

(1) 计算域和相关时间参数，包括网格地形及时间设置；

(2) 校准要素，包括底床阻力、涡黏系数和风摩擦阻力系数；

(3) 初始条件，如水面高程；

(4) 边界条件，包括开边界条件和闭边界条件；

(5) 其他驱动力，包括风速风向、源汇项等。

该模型中使用的湖底高程图见图 5.1。

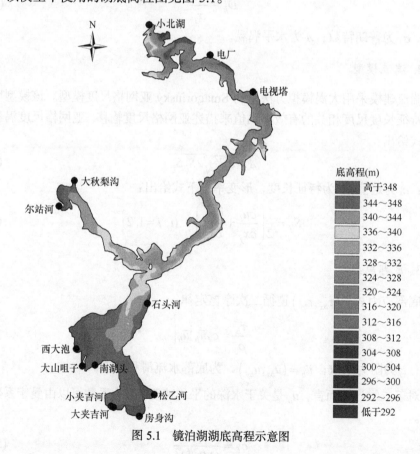

底高程(m)

高于348
344～348
340～344
336～340
332～336
328～332
324～328
320～324
316～320
312～316
308～312
304～308
300～304
296～300
292～296
低于292

图 5.1　镜泊湖湖底高程示意图

　　镜泊湖共有 11 条主要入湖河流，分别为大山咀子、松乙河、房身沟、大夹吉河、小夹吉河、南湖头、西大泡、尔站河、大秋梨沟、石头河和小北湖，其中大山咀子为主要入湖河流；北部电厂为溢流口。模型将入湖河口和溢流口设置为主要出入湖口，位置见图 5.2。镜泊湖最北边为镜泊湖瀑布，为主要出湖口，在模型中设置为过流堰。

图 5.2　出入湖口位置示意图

模型设置参见表 5.1。

表 5.1　模型设置列表

网格数量	13500 个
网格尺度	250m
时间步长	60s

续表

涡黏函数	Smagorinsky 网格尺度模型
Smagorinsky 系数	0.5
曼宁系数(M)	32m$^{1/3}$/s

2. 模型率定

将 2018 年实测大山咀子入湖流量和电厂溢流流量作为模型水动力重要点位之一的输入数据，计算镜泊湖全年水动力过程。将实测坝上水位与模型计算的坝上水位进行比较，结果见图 5.3。镜泊湖实际测得水位在 1~2 月基本保持不变；2 月到 3 月呈现下降趋势；4 月到 6 月，由于桃花水的影响，水位线增加后下降；在 7 月到 9 月，由于洪水的影响，在 8 月底出现水位的最高值；从 10 月到 12 月，水位逐渐下降。将实测坝上水位与模型计算水位相比，最大误差在 0.3m 以内，所搭建的二维水动力模型可以反映镜泊湖的水动力特征，可以用于后续的模型研究工作。

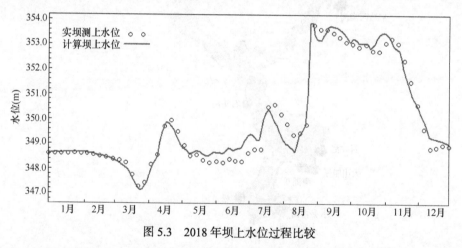

图 5.3　2018 年坝上水位过程比较

镜泊湖湖区流场见图 5.4。3 月湖区流场的主要驱动力为大山咀子的入湖流量，次驱动力分别为西大泡、南湖头和石头河的入湖流量。4 月桃花水汇入湖区使得湖区水流流速增大，大山咀子处的流速超过 0.045m/s，沿大山咀子至下游的电厂处流速均有增加，在过水断面突然变窄处，流速有明显的增加。5~6 月为非洪水季，除大山咀子为湖区流场的主要驱动力外，沿大山咀子至下游流速在 0.010~0.015m/s 左右。7 月，受到降水影响，大山咀子入湖处的流速超过 0.045m/s，自大山咀子入湖处至石头河附近的湖区，流速均有明显的上升，其中由于过水面

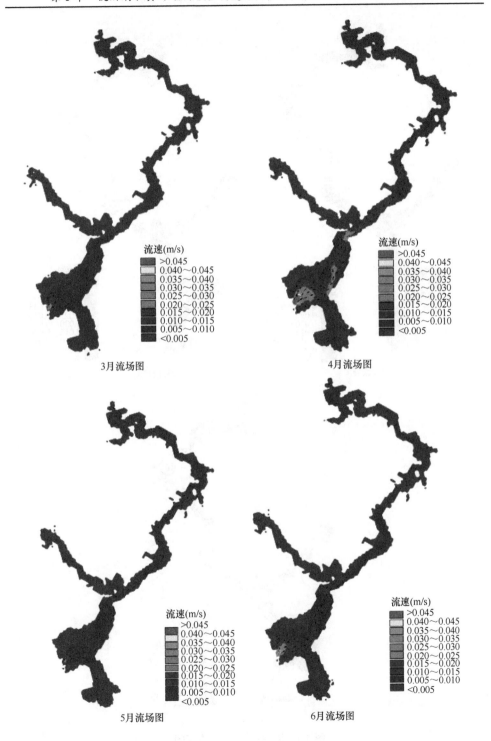

3月流场图

4月流场图

5月流场图

6月流场图

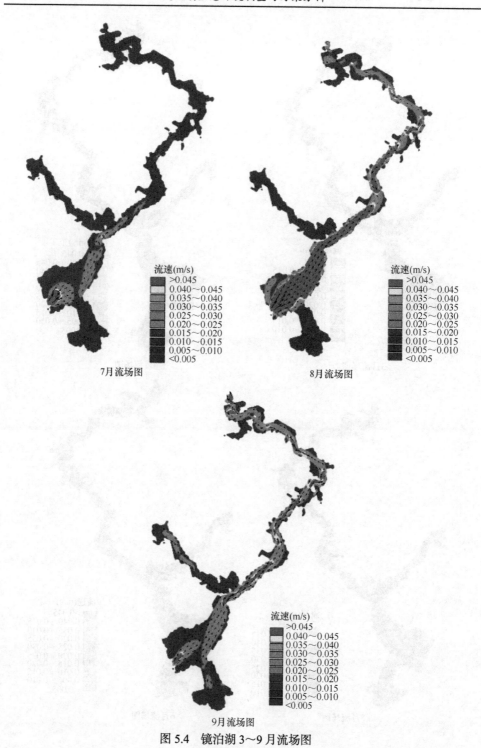

7月流场图

8月流场图

9月流场图

图 5.4　镜泊湖 3～9 月流场图

突然变窄，此处流速超过 0.045m/s。进入洪水季，8 月的入湖水动力最强，大山咀子入湖处的流速超过 0.12m/s。整个湖区的流速明显大于其余时期。9 月也处于洪水季，虽流速小于 8 月，但整个湖区的整体流速约在 0.030～0.040m/s，明显大于除 8 月外的其余月份。

5.1.3　桃花水与洪水模拟分析

镜泊湖的出入湖水量是湖区水体流动的主要动力，而大山咀子入湖河口是湖区主要入湖口，也是最主要的"源动力"。根据 2018 年大山咀子流量站实测流量资料(图 5.5)，4 月桃花盛开的季节和 7～9 月洪水季，有较大流量的水量汇入镜泊湖，特别是在洪水期水量最大，其他月份水量较小。模型计算了 2018 年全年湖区水动力，3～9 月湖区流场见图 5.4，结果表明大山咀子入湖流量是湖区流场的主要驱动力，一般情况下湖区流场动力微弱，但在 4 月桃花水和 8～9 月洪水汇入湖区时，湖区水流流速明显增大，其中 8 月湖区水动力最强。从大山咀子入湖口至下游电视塔断面沿程流速见图 5.4，在湖区过水断面突然变窄的地方流速会增大，但总体上流速是从上游至下游沿程降低的，同时可以明显看出 8 月洪峰来临时，湖区流速比其他月份大很多。

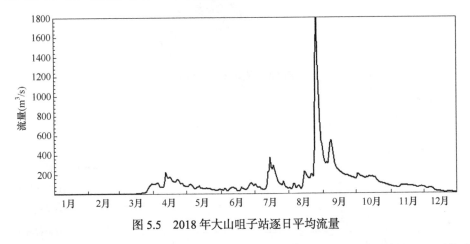

图 5.5　2018 年大山咀子站逐日平均流量

由对大山咀子逐日平均流量进行的全年监测可以看出，大山咀子的逐日平均流量受 4 月桃花水、7～9 月洪水季的影响出现逐日平均流量峰值，其中在 8 月达到逐日平均流量的最高值，为 1800m³/s。其余季节逐日平均流量基本未超过 200m³/s。

3～9 月大山咀子入湖口至下游电视塔断面沿程(图 5.6)流速分布曲线变化趋势相似。沿程流速最大值分别出现在大山咀子和过水断面突然变窄处。但从整体上看流速是从上游至下游沿程降低(图 5.7)。同时可以看出，4 月和 7～9 月分别受到桃花水和洪水的影响，流速要明显高于其他月份，其中 8 月受洪水影响最为明显，在同一采样点位 W1，8 月的流速是非洪水季的 6 月流速的 7~8 倍。

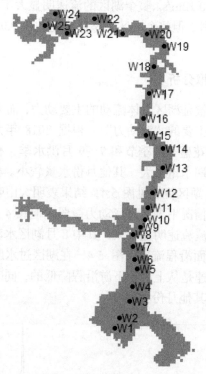

图 5.6　流速采样点位置

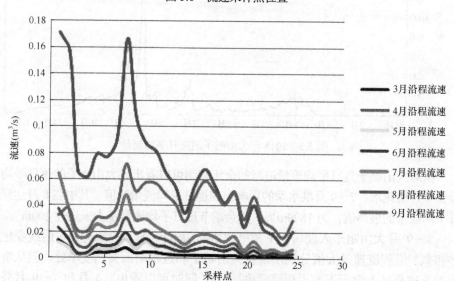

图 5.7　3~9 月湖区沿程流速分布

5.2　湖区二维水质模型

5.2.1　水质模型原理

水质计算是在二维水动力模型的基础上，利用 MIKE 21 AD 对流扩散模型计算污染物的输移和扩散。对流扩散方程具有如下形式：

$$\frac{\partial C}{\partial t}+\frac{\partial uC}{\partial x}+\frac{\partial vC}{\partial y}+\frac{\partial wC}{\partial z}=F_C+\frac{\partial}{\partial z}\left(D_v\frac{\partial C}{\partial z}\right)-k_pC+C_sS \qquad (5.12)$$

$$F_C=\left[\frac{\partial}{\partial x}\left(D_h\frac{\partial}{\partial x}\right)+\frac{\partial}{\partial y}\left(D_h\frac{\partial}{\partial y}\right)\right]C \qquad (5.13)$$

式中：C 为污染物浓度(mg/L)；k_p 为污染物降解系数(s^{-1})；C_s 为污染物排放源浓度(mg/L)；F_C 为水平扩散项；D_h、D_v 分别为污染物水平和垂向扩散系数，由水动力模型求得。

5.2.2　水质模型搭建与率定

水质模型采用 MIKE 21 AD 对流扩散模型搭建。利用模型计算 2018 年湖区 COD_{Mn}、氨氮、TN 和 TP 的分布，入湖污染负荷采用 2018 年大山咀子站实测数据，区间河流采用污染负荷估算成果。模型率定通过调整衰减系数、扩散系数以及入湖面源负荷，使湖区沿程模拟值与实测值保持一致，上游到下游沿程率定结果见图 5.9～图 5.12。2018 年 9 月湖区污染物模拟浓度分布见图 5.13～图 5.15。

如图 5.8 所示，对 2018 年大山咀子的 COD_{Mn}、TN、氨氮和 TP 进行监测。四种指标浓度都在 7～9 月的洪水季出现了明显的波动。COD_{Mn} 在从 6 月到 7 月受到大降雨冲刷地面，携带大量污染物的影响，浓度突然增加。污染物向下游扩

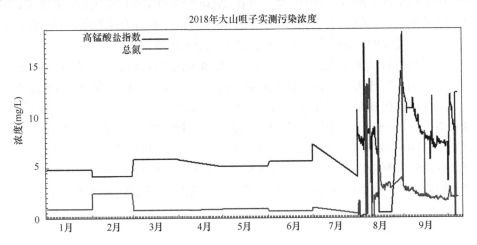

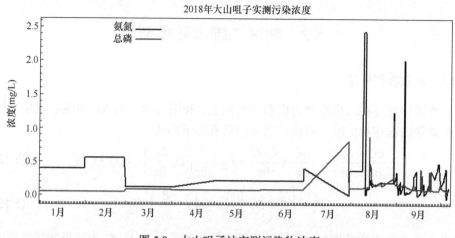

图 5.8　大山咀子站实测污染物浓度

散，使得大山咀子的 COD_{Mn} 浓度降低。进入 8 月后暴雨量增大，对地表的冲刷能力加大，COD_{Mn} 的浓度又增高，随着降雨强度的降低，COD_{Mn} 的浓度逐渐降低。TN 和氨氮与 COD_{Mn} 在进入洪水季后有相似的变化趋势。TP 浓度在非暴雨月份浓度变化不大，在进入洪水季后，浓度出现了大范围的变化。进入 7 月后，受到暴雨对地表的冲刷作用，大量悬浮物沉积进入水体，除此之外，由于暴雨径流的作用底泥出现了再悬浮，使得 TP 浓度出现持续升高。进入 8 月，TP 的浓度随着降雨强度发生变化。

　　COD_{Mn} 沿程实测浓度在 4.50～6.50mg/L 的范围内波动(图 5.9)，在 0～20km 呈现先升高后降低的趋势；在 20～40km 总体呈现先降低后升高的趋势；在 30km 左右处出现浓度的最低值，在 35km 左右处出现浓度的最大值。COD_{Mn} 计算浓度在 4.50～7.30mg/L 的范围内波动，在 0～20km 呈现先升高后下降的趋势；在 20～40km 范围内总体呈现下降后上升的趋势；并在 29km 处取得浓度的最大值，在 33km 出现浓度的最大值。COD_{Mn} 计算浓度与实测浓度曲线存在有差异的点，但浓度相差很小；两条曲线的变化趋势基本相似，并在相近的位置出现浓度的最值。

　　氨氮的沿程实测浓度在 0.38～0.80mg/L 范围内波动(图 5.10)。在 0～20km 范围内，波动幅度较大，总体呈现先升高后降低再升高的趋势；在 20～40km 范围内，浓度基本在 0.40～0.60mg/L 范围内变化，浓度相差不大。氨氮的沿程计算浓度在 0.30～0.60mg/L 范围变化。在 0～20km 范围内浓度先升高后下降再小幅度升高；在 20～40km 范围内浓度在 0.45～0.56mg/L 的范围内变化，变化幅度较小。氨氮的沿程实测浓度和计算浓度曲线相较，在 0～20km 范围内浓度差值较大，但变化趋势相似；在 20～40km 范围内，浓度变化范围和变化趋势基本相似。

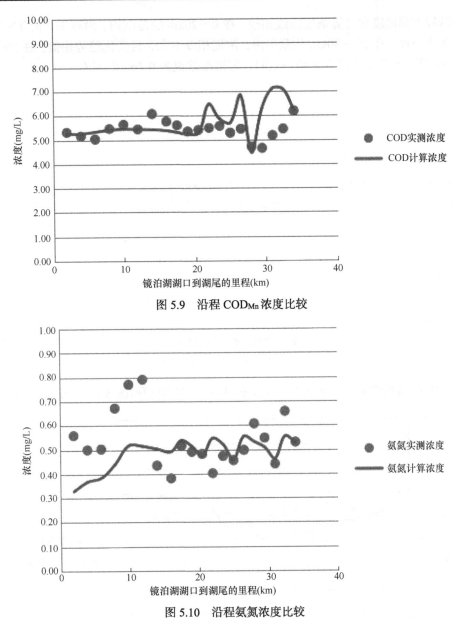

图 5.9　沿程 COD_{Mn} 浓度比较

图 5.10　沿程氨氮浓度比较

　　TN 的沿程实测浓度在 1.20~1.90mg/L 内变化(图 5.11)。在 0~10km 范围内浓度基本保持不变；在 10~20km 的范围内浓度基本呈现下降趋势；在 20~40km 的范围内浓度变化不大，基本保持在 1.50mg/L 左右。TN 的沿程计算浓度在 1.20~2.00mg/L 的范围内变化。在 0~10km 范围内浓度基本保持不变；在 10~25km 左右的范围内下降；25~40km 的范围内呈现先下降后上升再小幅下降的趋势。TN

的沿程实测浓度和计算浓度曲线相较，在 0～20km 的范围内，沿程采样的 TN 浓度基本一致；在 20～30km 的范围内，浓度相差不大，且变化趋势相似；在 30～40km 范围内两曲线的变化趋势不同，但浓度差仅为 0.2mg/L 左右。

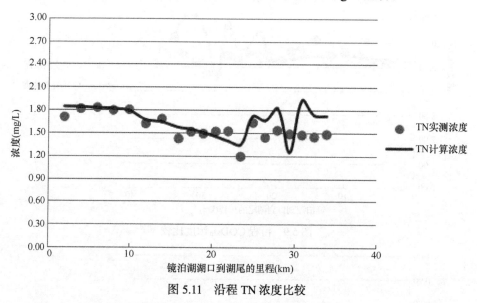

图 5.11　沿程 TN 浓度比较

TP 的沿程实测浓度在 0.10～0.16mg/L 的范围内变化(图 5.12)。在 0～20km

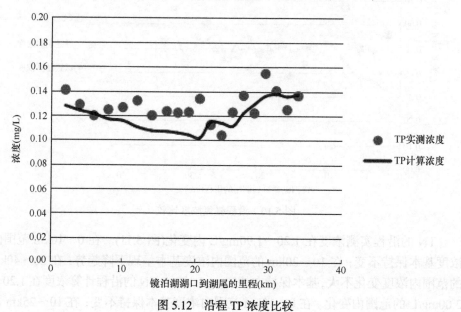

图 5.12　沿程 TP 浓度比较

的范围内，浓度在 0.12～0.14mg/L 的范围内变化，浓度差较小；在 20～40km 的范围内，浓度波动范围相对较大，总体呈现先小幅下降再上升的趋势。TP 的沿程计算浓度在 0.10～0.14mg/L 的范围内变化。在 0～20km 的范围内，浓度在 0.10～0.13mg/L 的范围内变化，呈现持续下降的趋势；在 20～40km 的范围内，浓度在 0.10～0.14mg/L 的范围内变化，呈现先降低后上升的趋势。TP 的沿程实测浓度和计算浓度曲线相较，0～20km 范围内，浓度变化趋势不同，但浓度值相差较小；在 20～40km 范围内，浓度值基本在 0.10～0.14mg/L 的范围内变化，且两曲线的变化趋势基本一致。

　　如图 5.13 所示，大山咀子入湖 COD$_{Mn}$ 的浓度为湖区中的最大值，浓度范围在 7.6～8.2mg/L。沿大山咀子至小夹吉河 COD$_{Mn}$ 的浓度逐渐降低，至小夹吉河处，COD$_{Mn}$ 浓度在 1.6～2.2mg/L；沿大山咀子至小北湖范围内，COD$_{Mn}$ 浓度在 5.2～8.2mg/L 范围内。沿大山咀子至石头河，COD$_{Mn}$ 浓度逐渐降低，从 8.2mg/L

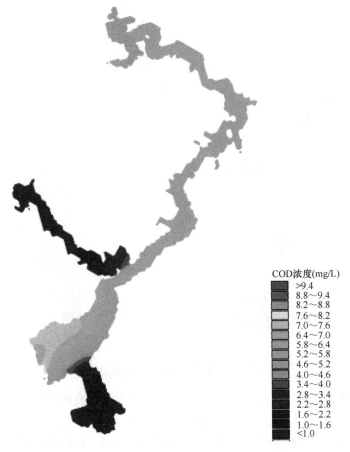

COD浓度(mg/L)
>9.4
8.8～9.4
8.2～8.8
7.6～8.2
7.0～7.6
6.4～7.0
5.8～6.4
5.2～5.8
4.6～5.2
4.0～4.6
3.4～4.0
2.8～3.4
2.2～2.8
1.6～2.2
1.0～1.6
<1.0

图 5.13　2018 年 9 月湖区 COD$_{Mn}$ 模拟浓度

降至 5.2mg/L；沿石头河到小北湖范围内，COD_{Mn} 浓度基本保持在 5.2～5.8mg/L。COD_{Mn} 浓度沿河道变窄处至大秋梨沟方向逐渐降低，在大秋梨沟处浓度降至 1.0mg/L 以下。

　　由图 5.14 可知，西大泡、大山咀子和南湖头为湖区内氨氮浓度最高的点位，浓度最高超过了 0.56mg/L。沿西大泡至小夹吉河氨氮的浓度呈现明显下降，至小夹吉河处氨氮浓度最低为 0.004mg/L；沿河道变窄处至大秋梨沟氨氮的浓度也呈现明显的下降趋势，大秋梨沟与尔站西沟河处氨氮浓度降至 0mg/L；沿大山咀子至电厂，从上游至下游呈明显的浓度降低趋势；电厂至小北湖浓度有小幅度的上升。

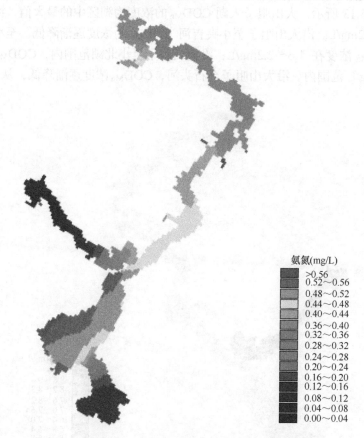

氨氮(mg/L)
>0.56
0.52～0.56
0.48～0.52
0.44～0.48
0.40～0.44
0.36～0.40
0.32～0.36
0.28～0.32
0.24～0.28
0.20～0.24
0.16～0.20
0.12～0.16
0.08～0.12
0.04～0.08
0.00～0.04

图 5.14　2018 年 9 月湖区氨氮模拟浓度

　　由图 5.15 可见，大山咀子为湖区内 TN 浓度相对较高的点位，浓度在 2.10～2.25mg/L 左右。沿西大泡至松乙河 TP 浓度逐渐降低，松乙河处 TN 浓度降至 0.30mg/L 以下；沿石头河至大秋梨沟和尔站西沟河浓度逐渐降低，最低降至 0.30mg/L 以下；沿大山咀子至电厂，TN 浓度逐渐降低；沿电厂至小北湖，TN 浓度略有升高。

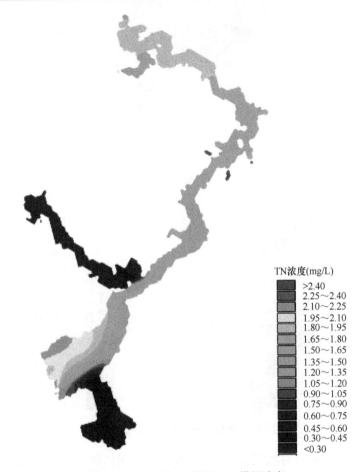

TN浓度(mg/L)
>2.40
2.25~2.40
2.10~2.25
1.95~2.10
1.80~1.95
1.65~1.80
1.50~1.65
1.35~1.50
1.20~1.35
1.05~1.20
0.90~1.05
0.75~0.90
0.60~0.75
0.45~0.60
0.30~0.45
<0.30

图 5.15　2018 年 9 月湖区 TN 模拟浓度

如图 5.16 所示，湖区 TP 高浓度的点位出现在小北湖区域内，浓度超过 0.210mg/L。沿小北湖至石头河处浓度逐渐降低，浓度降至 0.090mg/L 左右；在大山咀子至石头河处，浓度逐渐降低；沿西大泡至小夹吉河处，浓度呈现逐渐降低的趋势，TP 浓度由 0.150mg/L 降至 0.015mg/L；从河道变窄处到大秋梨沟处，TP 浓度由 0.120mg/L 降至 0mg/L。

5.2.3　2018 年桃花水与洪水水质冲击模拟分析

本研究计算桃花水和洪水期的镜泊湖湖区水质变化过程，桃花水发生在 4 月，暴雨洪水发生在 7~9 月，见图 5.17。洪水期，大量降水冲刷地面，会夹带入大量污染物，致使入湖污染物负荷在短时间内剧增，对湖体水质造成冲击。桃花水和洪水期间湖区 COD_{Mn}、氨氮、TN 和 TP 的变化过程分别见图 5.18~图 5.25。

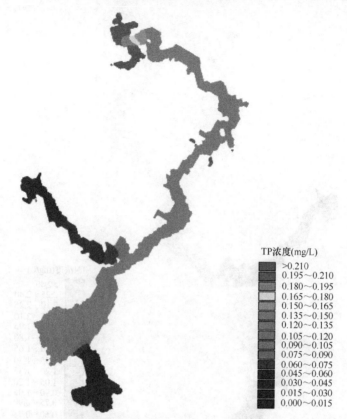

图 5.16　2018 年 9 月湖区 TP 模拟浓度

由图 5.17 可知，在 4 月桃花水期，大山咀子流量明显高于 3 月与 5 月的流量。

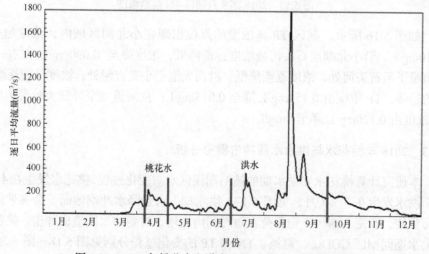

图 5.17　2018 年桃花水和洪水流量过程(大山咀子测站)

在 7 月至 9 月，由于受洪水的影响，大山咀子在这一时期的流量为全年流量的最大值，在 8 月底取得峰值，约 1800m³/s。

桃花水主要是冰雪融化的水形成径流，夹带着沿途污染物进入湖体。下面给出了 TN、TP、COD$_{Mn}$、氨氮四种污染物在桃花水期的湖体扩散情况。4 种污染物的扩散趋势极其相似，即第 1 天桃花水进入湖体就会立即引起湖口区污染物浓度迅速升高到初始值的 4～10 倍，在第 9 天污染物扩散到湖体 1/4 处，24 天时扩散到半个湖区。由于桃花水的入流量不是很大，因此在 24 天左右之后就很难再向湖体北部较快扩散，只会随着入流江水缓慢地在湖体扩散。

如图 5.18 所示，在桃花水汇入湖区之前，沿上游大山咀子至下游的电厂，COD$_{Mn}$ 的浓度相差不大，整个湖区的浓度较为均一。当桃花水自大山咀子汇入湖区，大山咀子入湖处的 COD$_{Mn}$ 浓度先上升，由 6.0mg/L 上升至 8.4mg/L。此时处于桃花水汇入的初期，所以石头河的下游 COD$_{Mn}$ 浓度没有出现变化。随着降水的持续，沿上游的大山咀子至下游的电厂 COD$_{Mn}$ 的浓度均有明显的增高。

在洪水汇入前，整个湖区的 COD$_{Mn}$ 浓度相对均一。当洪水自大山咀子汇入湖区，大山咀子入湖处的 COD$_{Mn}$ 浓度出现了明显的升高，从 8.4mg/L 上升至超

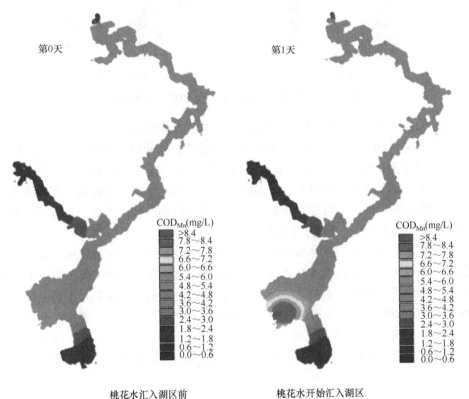

桃花水汇入湖区前　　　　　桃花水开始汇入湖区

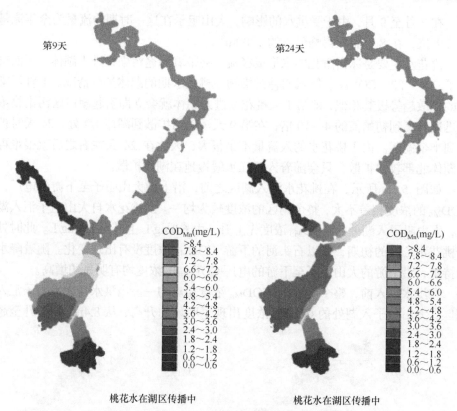

图 5.18　桃花水汇入湖区后水体 COD_{Mn} 浓度变化

过 11.2mg/L。此时处于洪水汇入初期，COD_{Mn} 浓度变化范围较小。随着洪水不断汇入湖区，由图 5.19 可知，洪水的流量和对地表的冲刷能力远超桃花水，使得自大山咀子至下游的电厂的整个范围内，大部分的区域 COD_{Mn} 浓度都超过了 11.2mg/L。在水动力的作用下，进入湖内的污染物持续向下游转移。随着洪水流量的逐渐衰减，由大山咀子入湖处进入湖区的污染物的浓度降低，下游部分湖区的 COD_{Mn} 浓度已恢复至洪水来前的水平。

　　桃花水汇入湖区后水体氨氮浓度变化如图 5.20 所示。在桃花水汇入湖区之前，整个湖区内的氨氮浓度在 0.06～0.30mg/L。自桃花水开始由大山咀子汇入湖区，大山咀子入湖处的氨氮从 0.06mg/L 上升至 0.84mg/L。在汇入初期，氨氮浓度上升的区域较小，石头河下游的湖区氨氮浓度并未发生改变。随着降雨量的增加，污染物向下游转移。此时，沿大山咀子至河道变窄处，氨氮的浓度均大于 0.72mg/L。由于桃花水的流量有限，电厂周边湖区的氨氮浓度没有出现变化。

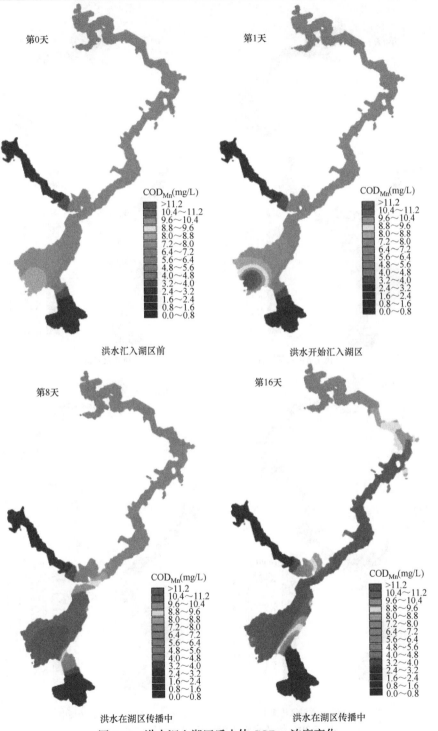

图 5.19　洪水汇入湖区后水体 COD_{Mn} 浓度变化

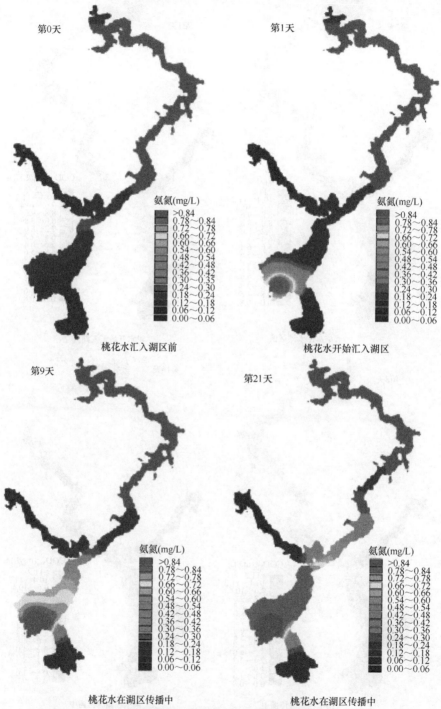

图 5.20　桃花水汇入湖区后水体氨氮浓度变化

　　洪水汇入湖区后水体氨氮浓度变化如图 5.21 所示。在洪水汇入湖区之前，沿大山咀子至电厂范围内氨氮浓度在 0.3～0.4mg/L 左右。当洪水开始汇入湖时，大山咀子入湖处的氨氮浓度超过 1.5mg/L，由于洪水刚开始汇入湖区，影响的范围较小，整个湖区只有大山咀子附近湖区氨氮浓度明显升高。随着降雨量的持续增加，携带着大量污染物的洪水径流涌入湖内，造成了湖区内大部分区域的氨氮浓度超过了 1.5mg/L。洪水时期与桃花水时期相较，洪水时期氨氮的浓度最大值为桃花水时期的 2 倍左右。并且洪水时期受污染的湖区面积远大于桃花水时期。

　　桃花水汇入湖区后水体 TN 浓度变化如图 5.22 所示。在桃花水汇入湖区之前，沿上游大山咀子至下游的电厂的 TN 浓度在 0.7～1.2mg/L 内。在桃花水开始汇入后，大山咀子入湖处的 TN 浓度超过 1.7mg/L，以大山咀子为圆心，周围湖区 TN 浓度都有不同程度的增加。但由于处于汇入初期，河道变窄处下游 TN 浓度并未受到影响。随着降雨时间的增加，污染物沿水流方向，向下游逐渐扩散，从大山咀子至河道变窄处，TN 浓度均超过 1.7mg/L。由于桃花水的流量有限，电厂至小北湖处 TN 浓度并未出现明显的变化。

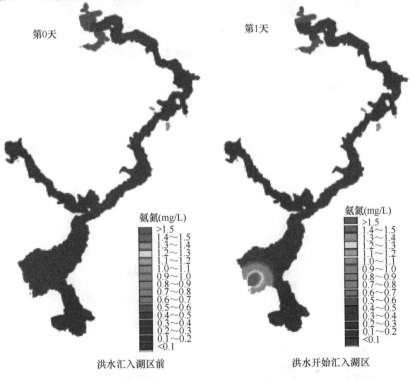

第0天　　　　　　　　　　　　　　　第1天

氨氮(mg/L)

洪水汇入湖区前　　　　　　　　　　洪水开始汇入湖区

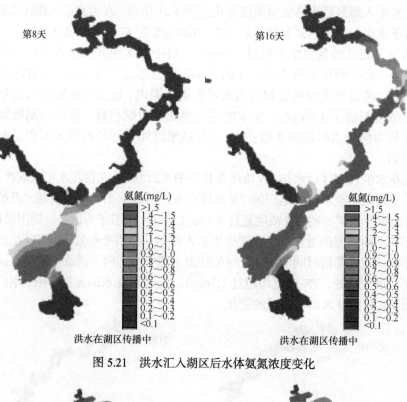

图 5.21　洪水汇入湖区后水体氨氮浓度变化

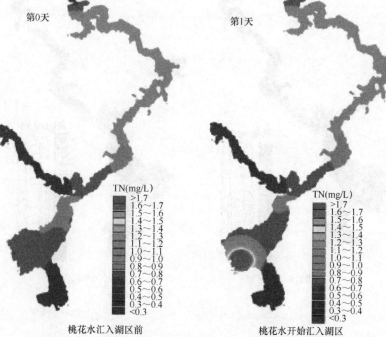

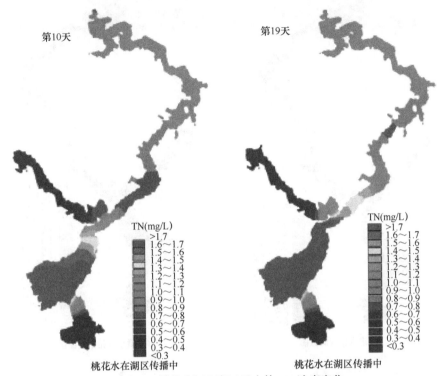

图 5.22　桃花水汇入湖区后水体 TN 浓度变化

　　如图 5.23 所示，在洪水汇入湖区前，整个湖区的 TN 浓度相差不大，大部分湖区 TN 浓度在 0.2～0.8mg/L 左右。当洪水自大山咀子汇入湖区，大山咀子入湖处 TN 浓度超过 2.8mg/L，大约为洪水汇入前的 TN 浓度的 14 倍。随着携带大量污染物的洪水不断汇入，沿大山咀子至小北湖的湖区 TN 浓度都有不同程度的上升，其中超过约 2/3 的湖区 TN 浓度超过了 2.8mg/L。

　　如图 5.24 所示，在桃花水汇入湖区之前，沿上游的大山咀子至下游的电厂湖区，TP 浓度范围在 0.08～0.12mg/L，浓度相差较小。当桃花水由上游的大山咀子汇入湖区，大山咀子入湖处的 TP 浓度超过 0.28mg/L。汇入初期，受影响范围有限，石头河下游湖区并未受到明显的影响。随降雨时间的增加，自大山咀子至小北湖处的湖区 TP 的含量均有上升。其中沿大山咀子至河道变窄处湖区 TP 的浓度均超过了 0.28mg/L。

　　在洪水汇入湖区前，整个湖区的 TP 浓度相对均一。当洪水开始沿大山咀子处汇入湖区，由于受到流入时间的限制，仅有大山咀子周围湖区 TP 浓度出现了上升。随着流入湖区的洪水量的增加，大量污染物沿大山咀子向下游扩散。如图 5.25 所示，自大山咀子至电厂处的湖区绝大部分 TP 的含量超过了 0.42mg/L。

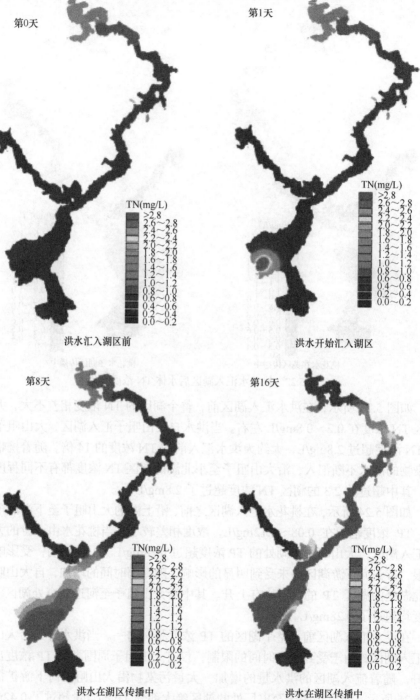

图 5.23 洪水汇入湖区后水体 TN 浓度变化

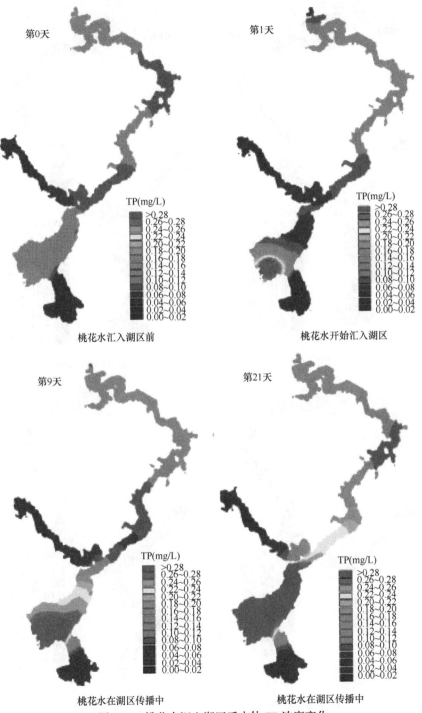

图 5.24　桃花水汇入湖区后水体 TP 浓度变化

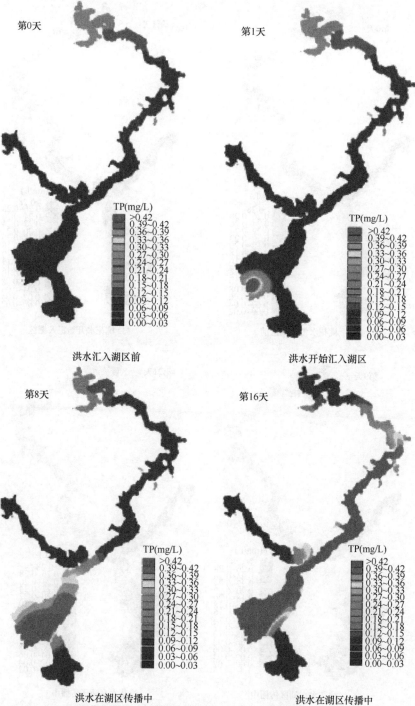

图 5.25　洪水汇入湖区后水体 TP 浓度变化

从上游入湖口附近至下游提取了 5 个采样点 S1～S5(图 5.26)的 COD$_{Mn}$、氨氮、TN 和 TP 浓度变化时间序列, 见图 5.27～图 5.30。由图可以看出, 桃花水和洪水汇入湖区, 向下游流动过程中, 由于污染物的衰减, 桃花水和洪水对沿程污染物浓度的影响是逐渐减弱的, 5 个采样点污染物浓度峰值依次降低。S1～S5 点桃花水影响的浓度峰值分别在 4 月初、4 月中旬、5 月中旬、6 月中旬和 7 月中旬, 而洪水影响的浓度峰值集中在 7 月中旬～9 月中旬。各采样点污染物浓度峰值见表 5.2。

图 5.26　S1～S5 采样点位置

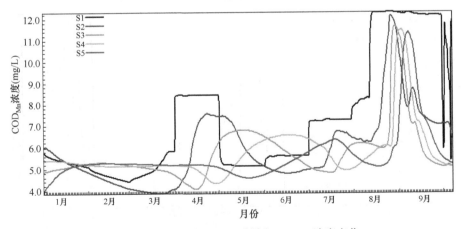

图 5.27　2018 年湖区沿程采样点 COD$_{Mn}$ 浓度变化

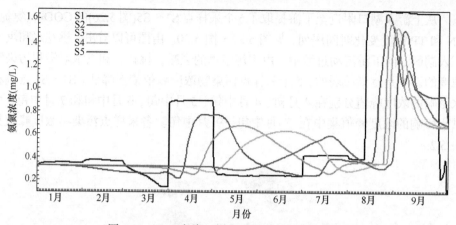

图 5.28　2018 年湖区沿程采样点氨氮浓度变化

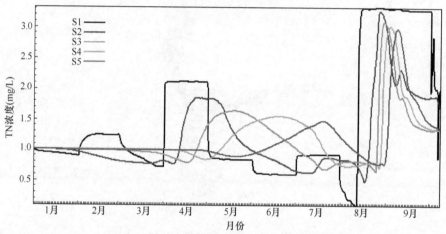

图 5.29　2018 年湖区沿程采样点 TN 浓度变化

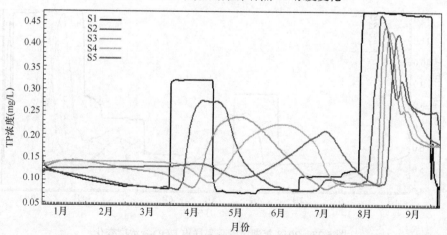

图 5.30　2018 年湖区沿程采样点 TP 浓度变化

表 5.2　S1～S5 污染物浓度峰值(mg/L)

污染物	类别	S1	S2	S3	S4	S5
COD_Mn	桃花水	8.48	7.60	6.80	6.55	6.31
	洪水	12.41	12.24	11.74	11.55	11.44
氨氮	桃花水	0.88	0.75	0.66	0.61	0.57
	洪水	1.68	1.65	1.56	1.53	1.51
TN	桃花水	2.11	1.83	1.63	1.54	1.47
	洪水	3.32	3.27	3.08	3.01	2.97
TP	桃花水	0.32	0.27	0.24	0.22	0.21
	洪水	0.47	0.46	0.44	0.43	0.42

5.2.4　30 年一遇洪水发生时湖区污染物浓度计算

运用模型计算了在发生 30 年一遇洪水时，湖区污染物浓度变化过程。图 5.31～图 5.34 分别为 COD$_{Mn}$、氨氮、TN 和 TP 的输移扩散过程。图片依次是第 0 天、第 1 天、第 4 天、第 8 天、第 11 天、第 21 天的扩散状态。四种污染物在镜泊湖中的扩散趋势极其相似，即第一天进入湖泊会使入湖口浓度迅速升高，在第 11 天就会使全湖 1/2 的湖面受到影响，并且浓度达到高峰；直到第 21 天的时候才呈现逐步减弱的趋势。在 30 年一遇洪水未发生时，镜泊湖 COD$_{Mn}$ 的浓度小于 9mg/L，随着洪水侵入传播，COD$_{Mn}$ 浓度迅速增大到 12mg/L 以上，在第 8 天就扩散到半个湖区，第 11 天已经影响到全湖(1/2 湖面都达到 12mg/L 以上)，由于洪水量大，直到第 21 天洪水的影响才逐步有减弱趋势(图 5.31)。

其他污染物的扩散都有相类似的趋势，氨氮的浓度由 0.6mg/L 迅速上升到 1.5mg/L 以上，在第 11 天也到达对全湖影响的最高峰，第 21 天呈现减弱趋势(图 5.32)。

总氮也有类似的扩散趋势，总氮的浓度由 1mg/L 左右迅速上升到 3mg/L 以上，在第 11 天也到达对全湖影响的最高峰，第 21 天呈现减弱趋势，由Ⅲ类水体迅速下降到劣Ⅴ类水体(图 5.33)。

总磷也有类似的扩散趋势，总磷的浓度由 0.06mg/L 左右迅速上升到 0.42mg/L 以上，在第 11 天也到达对全湖影响的最高峰，第 21 天呈现减弱趋势，由Ⅳ类水体迅速下降到劣Ⅴ类水体(图 5.34)。

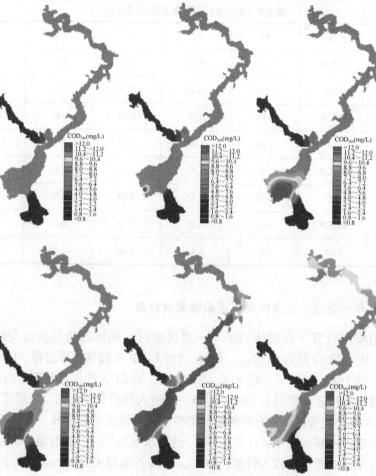

图 5.31　30 年一遇洪水汇入湖区后水体 COD_{Mn} 浓度变化

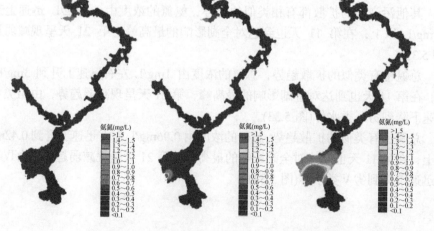

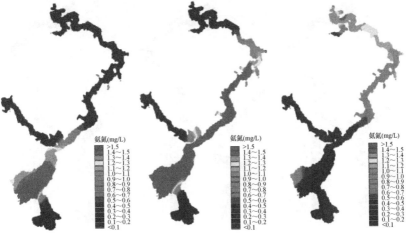

图 5.32　30 年一遇洪水汇入湖区后水体氨氮浓度变化

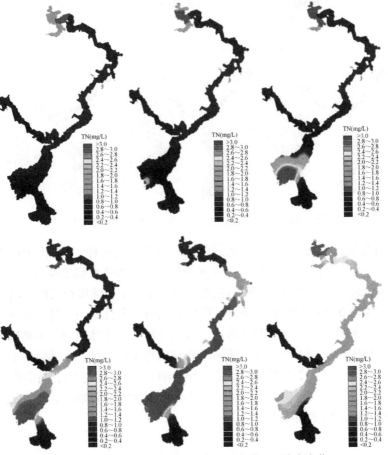

图 5.33　30 年一遇洪水汇入湖区后水体 TN 浓度变化

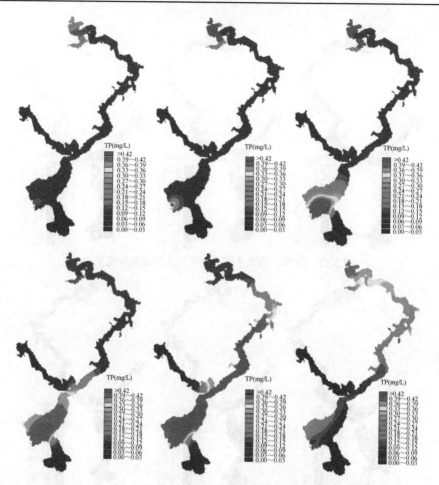

图 5.34　30 年一遇洪水汇入湖区后水体 TP 浓度变化

　　镜泊湖是堰塞湖，堰塞湖是通过阻塞一条大河形成的，这条大河通常是堰塞湖的主要入湖河流。因此，牡丹江的水质和水量对堰塞湖镜泊湖有很大的影响。在春汛和强降雨洪水条件下，湖泊汇水区的汇流雨水径流将很快沿主河道进入湖泊，导致水质在短时间内迅速下降，持续时间为半个月至一个月。另外，镜泊湖作为高山堰塞湖，海拔高、冬季寒冷，有封冰期。由于冰封湖污染物降解性差，冰封下水体中污染物浓度较高。镜泊湖冰封期约 4 个半月，春汛期约 1 个月，雨洪期约 4 个月，只有 2 个半月无不良气候影响。以上分析表明，高山堰塞湖的环境十分脆弱。镜泊湖需要更多的保护，其整个流域的污染源控制应该比其他湖泊更加严格才能达到水质要求。

5.3　湖区二维悬沙模型

5.3.1　泥沙模型原理

1. 基本控制方程

悬沙控制方程为

$$\frac{\partial \overline{c}}{\partial t} + u\frac{\partial \overline{c}}{\partial x} + v\frac{\partial \overline{c}}{\partial y} = \frac{1}{h}\frac{\partial}{\partial x}\left(hD_x\frac{\partial \overline{c}}{\partial_x}\right) + \frac{1}{h}\frac{\partial}{\partial y}\left(hD_y\frac{\partial \overline{c}}{\partial_y}\right) + Q_L C_L\frac{1}{h} - S \qquad (5.14)$$

式中：$\overline{c}$ 为垂线平均含沙量(kg/m³)；D_x，D_y 为泥沙扩散系数(m²/s)；S 为床沙侵蚀或淤积速度[kg/(m³·s)]；Q_L 为泥沙输入源强[m³/(s·m²)]；C_L 为泥沙输入源强中的含沙量(kg/m³)。

2. 泥沙淤积速率

就黏性泥沙而言，床面淤积速率基于 Krone 公式计算：

$$S_D = W_s C_b p_d \qquad (5.15)$$

式中：W_s 为泥沙沉速(m/s)；C_b 为近底含沙量(kg/m³)；p_d 为床沙淤积概率，与水流有效切应力呈正相关关系，即

$$p_d = 1 - \frac{\tau_b}{\tau_{cd}}, \quad \tau_b \leqslant \tau_{cd} \qquad (5.16)$$

式中：τ_b、τ_{cd} 分别为水流底部切应力和床沙临界淤积切应力。

对于非黏性泥沙而言，床沙淤积速率基于下式表达：

$$S_d = -w_s\left(\frac{\overline{c}_e - \overline{c}}{h_s}\right), \quad \overline{c}_e < \overline{c} \qquad (5.17)$$

3. Stokes 沉速公式

Stokes 沉速公式为

$$\omega = \frac{1}{18}\frac{\gamma_s - \gamma}{\gamma}\frac{gD^2}{v}$$

式中：γ_s 和 γ 分别为泥沙和水体的容重；D 为泥沙中值粒径；v 为运动黏滞系数，取值为 10^{-6}。

5.3.2　泥沙模型搭建

　　泥沙模型采用 MIKE 21mT 泥沙模型搭建。利用模型计算 2018 年湖区悬浮泥沙的浓度分布，悬浮泥沙浓度(SSC)过程线见图 5.35。由图 5.35 可知，4 月受桃花水影响，湖区出现 1 个悬浮泥沙浓度峰值；7～9 月受暴雨洪水影响，连续出现 3 个峰值，且最大峰值在 8 月下旬，达到 0.82kg/m³，是基线的 10 倍左右。

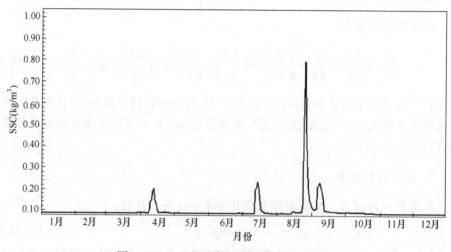

图 5.35　2018 年入湖悬浮泥沙浓度过程线

SSC 代表悬浮泥沙浓度

　　图 5.36 为湖区泥沙浓度实测点位置，表 5.3 为 2019 年 5 月各采样点(采样点

图 5.36　实测点位图

位信息与同期水样采集点位相同，在来水牡丹江上新增点位 R7，经度为 128.721442°E，纬度为 43.761192°N)实测浓度，湖区悬浮泥沙平均浓度为 0.087kg/m³，以此数值作为湖区泥沙浓度背景值输入模型。悬浮泥沙沉降速度是基于泥沙粒径，实测泥沙粒径级配曲线见图 5.37，使用 Stokes 公式估算为 0.001～ 0.002mm/s。

表 5.3　2019 年 5 月实测悬浮泥沙浓度(kg/m³)

点位	R1	R2	R3	R4	R5	R16	R7
浓度	0.015	0.015	0.040	0.007	0.012	0.031	0.003

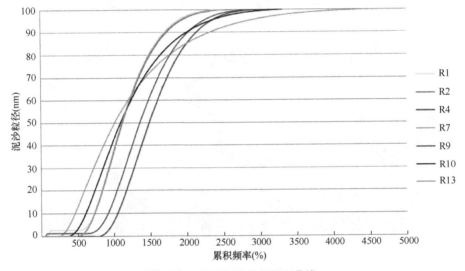

图 5.37　实测泥沙粒径级配曲线

5.3.3　桃花水与洪水分析悬沙

图 5.38 和图 5.39 分别为桃花水和洪水期的镜泊湖湖区悬浮泥沙变化过程。在平常时期，入湖泥沙浓度很小，对镜泊湖水质几乎不会造成影响。桃花水期，入湖泥沙浓度比湖区高，峰值大约为 0.2kg/m³，而湖区日平均悬浮泥沙浓度为 0.087kg/m³，因此桃花水对湖区悬浮泥沙浓度影响较大。

洪水期，大量降水冲刷地面，会夹带入大量泥沙，峰值浓度达 0.8kg/m³，泥沙团对湖体水质造成冲击，湖区悬浮泥沙浓度明显增大。泥沙团跟随水流向下游运动，同时泥沙颗粒在漂移过程中发生沉降，悬浮物浓度逐渐降低，越靠近下游，悬浮物泥沙浓度越小。待洪水过后，湖区悬浮泥沙沉降，湖区悬浮物浓度下降到平日数值。

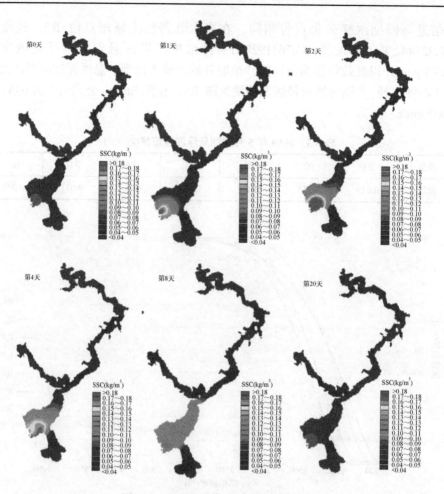

图 5.38　桃花水期湖区 SSC 浓度变化
第 x 天代表桃花水汇入湖区的天数，其中第 0 天代表汇入湖区前

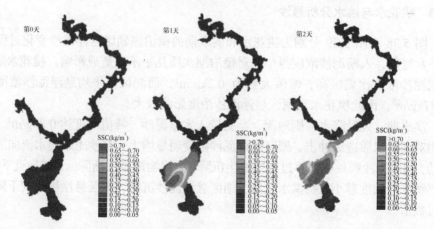

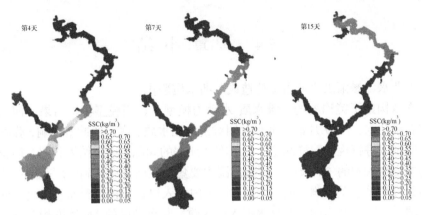

图 5.39　洪水期湖区 SSC 浓度变化

第 x 天代表洪水汇入湖区的天数，其中第 0 天代表汇入湖区前

图 5.40 为湖区年泥沙淤积厚度分布图，入湖口和局部死水区泥沙淤积厚度较大，可到 6~7cm，湖中心淤积厚度为 1~3cm。但是随着日积月累，底泥会越压越紧致，密度越来越高，所以多年累积厚度会比年淤积厚度与总年数乘积值小得多。

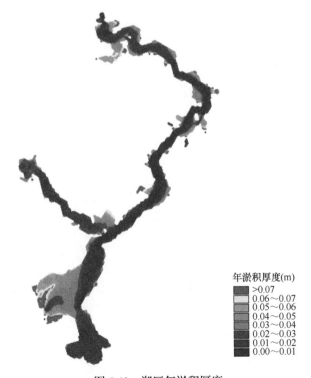

图 5.40　湖区年淤积厚度

5.4　本章小结

　　桃花水、暴雨洪水冲击负荷造成短期水质恶化。

　　本章构建了镜泊湖的二维水质-水动力模型，运用模型模拟结果，演示了 4 月左右桃花水，7～9 月暴雨洪水时期对镜泊湖水质、底泥的冲击影响，弥补了暴雨期间难以进行现场取样测定，缺乏有效证据的问题。模拟结果表明，桃花水的影响主要在入湖的 24 天内，影响范围主要集中在南部湖区到电厂范围；从电厂到湖北段几乎不受影响；而洪水在 20 天内由入口很快扩散到湖北段出口处，影响范围广。以总氮为例，在洪水汇入湖区前，整个湖区的 TN 浓度相差不大，大部分湖区 TN 浓度在 0.2～0.8mg/L 左右，当洪水自大山咀子汇入湖区，大山咀子入湖处 TN 浓度超过 2.8mg/L，为洪水汇入前的 TN 浓度的 14 倍左右。

第6章 镜泊湖流域(牡丹江市)污染负荷调查与分析

镜泊湖流域(牡丹江市)污染负荷可以分为点源、面源和内源，其中点源分为景区生活污染、规模化养殖污染、陆域水产养殖污染；面源分为农村生活污染、农业种植污染、暴雨径流、分散式畜禽养殖污染和向湖侧山体水侵蚀污染；内源分为湖体底泥释放、湖内水产养殖污染、湖面旅游服务排放污水和湖面干湿沉降(图 6.1)。

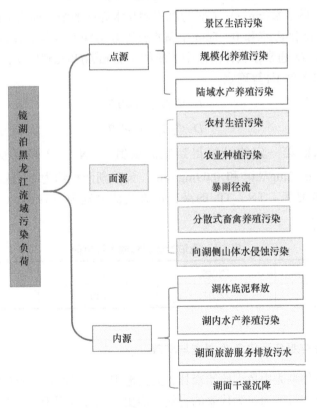

图 6.1 镜泊湖流域(牡丹江市)污染负荷分类图

6.1　镜泊湖内源污染负荷调查与核算

6.1.1　镜泊湖湖体底泥污染负荷调查与核算

　　湖泊底泥是营养物质的重要蓄积库,当系统的理化条件发生变化时,底泥中的营养物质会释放进入水体,导致或者加剧水体恶化。湖体的营养物质除了入湖河流和周边的环境等外部来源以外,有相当一部分来源于湖体底泥的释放。

　　底泥-水界面氮磷营养盐的扩散通量可以通过 Fick 第一定律表示:

$$F = \varPhi \cdot D \frac{\partial C}{\partial Z}\bigg|_{Z=0}$$

式中:F 为底泥与水界面的扩散通量$[mg/(m^2 \cdot d)]$;$\varPhi$ 为底泥的孔隙率(%);D 为实际营养盐扩散系数(cm^2/s);C/Z 为沉积物与水界面的浓度梯度(mg/m^4),此处采用底泥 $0 \sim 5cm$ 间隙水和 $0 \sim 5cm$ 上覆水营养盐与深度拟合指数曲线求导而得。在实际工作中 D 通常根据稀溶液中溶质的 $D_0(cm^2/s)$ 和孔隙度来推导。孔隙度采用底泥中含水率(%)计算确定。

$$D = \varPhi_1 D_0, \quad \varPhi \leqslant 0.7$$

$$D = \varPhi_2 D_0, \quad \varPhi > 0.7$$

　　通过 Fick 第一定律计算得到底泥氨氮、TN、TP 的扩散通量分别为 $5.44mg/dm^2$、$6.82mg/dm^2$ 和 $0.09mg/dm^2$,镜泊湖面积约为 $91.5km^2$,通过计算得到底泥释放氨氮、TN、TP 的潜在污染负荷分别为 $181.68t/a$、$227.77t/a$ 和 $3.01t/a$(表 6.1)。

表 6.1　镜泊湖底泥释放污染负荷

污染物	TN(t/a)	TP(t/a)	氨氮(t/a)
入湖量	227.77	3.01	181.68

6.1.2　湖面旅游服务污染负荷调查与核算

　　镜泊湖是集湖光山色、原始森林、火山地貌、悬崖河谷、瀑布溪流、熔岩湿地、古国遗址和抗联遗迹为代表的自然、历史、人文景观于一身的综合性景区,素有“北国明珠”之称。镜泊湖有 560 多个自然景观和人文景观,景观绮丽、生态多样;气候宜人、鱼类丰富多样;历史悠久、底蕴深厚。围绕休闲养生、文化体育、生态观光、火山地貌,打造了健康祈福、休闲避暑、生态氧浴、地质科考、渔猎文化等独特的品牌和旅游产品。近年来，随着国民经济快速增长，人民生活水平日益提高，镜泊湖旅游业不断发展，游客数量持续增加，水上旅游已成为人们的一种休闲方式。船舶在不断发挥着重要作用，但也带来许多新的环境问题，水域污染日益严重，也对镜泊湖带来一定环境压力。

镜泊湖游船有旅客运输、货物运输、观光船餐厅等主要经营项目，涉及山庄-白石砬子、山庄-快活轮、山庄-城墙砬子、百里长湖游南北通航四条观光线路。自有船舶 13 艘，其中客船 8 艘、休闲艇 4 艘、气垫船 1 艘；租赁船舶 151 艘，其中客船 66 艘、快艇 85 艘；共计船舶 164 艘；全湖航程 45km(消耗柴油 171L)，半湖航程 36km(消耗柴油 58L)，年载客总数为 28 万人次(经营期 6 个月)。

船舶生活污水来自船上人员(船员和旅客)的日常生活排水，按照所排水的水质不同可分为黑水和灰水两种类型。黑水是指污染物含量较高的厕所排水，即粪便污水；灰水是指污染较轻的洗浴、厨房、洗衣等废水。根据相关资料及经验，可得黑水人均排放量为 0.03m³/d，灰水人均排放量为 0.07m³/d。镜泊湖船舶生活污水主要为黑水，根据分析与计算，镜泊湖游船生活污水排放量为 47m³/d。以游船年载客总数 60%(75%)计，按经营期计算，年排放 5050t(8400t)。游客生活污水 COD_{Cr} 产污系数为 66g/(人·d)，氨氮产污系数为 7.94g/(人·d)，TN 产污系数为 10.24g/(人·d)，TP 产污系数为 0.74g/(人·d)。据此，估算船舶生活污水入湖总量和污染物入湖量，见表 6.2。

表 6.2 镜泊湖湖面旅游污染负荷

污染物	游船污水(t/a)	TN(t/a)	TP(t/a)	氨氮(t/a)	COD_{Cr}(t/a)
入湖量	5050	1.72	0.12	0.79	11.09

6.1.3 湖内水产养殖污染负荷调查与核算

调查结果显示，镜泊湖 2018 年育苗投放量约 150t；捕捞量近 500t，投放鱼苗以花鲢和白鲢为主。相关研究结果表明，东北地区鲢鱼含氮量约为 2.86%、含磷量约有 0.2%。据此推算镜泊湖湖区水产养殖负荷 TN 为 -10.01t/a、TP 为 -0.70t/a、氨氮为 -4.59t/a、COD_{Cr} 为 -45.65t/a(表 6.3)。一般情况下，鱼类摄入的营养物质在湖泊水体中属于难溶解性物质，而鱼类排放的粪便等物质属于易溶解性物质，更容易向水体中释放营养盐。湖泊中鱼类的存在一定程度上把湖泊环境中难溶性物质转化为易溶解性物质向水体中释放营养盐。

表 6.3　镜泊湖湖内水产养殖污染负荷

污染物	TN(t/a)	TP(t/a)	氨氮(t/a)	COD$_{Cr}$(t/a)
入湖量	−10.01	−0.70	−4.59	−45.65

6.1.4　湖面干湿沉降污染负荷核算

根据黑龙江省环境科学研究院 2018 年全年对镜泊湖降水的监测结果，降水中总氮浓度为 3.69～4.10mg/L，总磷浓度 0.014～0.017mg/L。分别取中间值总氮浓度 3.89mg/L，总磷浓度 0.015mg/L。根据文献对东北地区降水氨氮、COD$_{Cr}$ 浓度的报道，选用氨氮浓度 1.52mg/L，COD$_{Cr}$ 浓度 11.67mg/L。湖面干湿沉降污染负荷计算公式为

$$W_i = M_i \times S \times H$$

式中：W_i 为某种污染物总的湖面沉降负荷；M_i 为某种污染物降水中的浓度；S 为镜泊湖湖面面积；H 为平均年降水量。

从 2008～2018 年镜泊湖周边气象站监测数据得知，镜泊湖所在区域的年降水平均为 733.3mm。镜泊湖湖面面积 S=91.5km^2。

通过计算得出镜泊湖湖面 COD$_{Cr}$、总氮、氨氮和总磷的干湿沉降污染负荷分别为：COD$_{Cr}$783.03t/a、261.01t/a、102.5t/a、1.01t/a(表 6.4)。

表 6.4　镜泊湖湖面干湿沉降污染负荷

污染物	TN(t/a)	TP(t/a)	氨氮(t/a)	COD$_{Cr}$(t/a)
入湖量	261.01	1.01	102.5	783.03

6.2　镜泊湖流域(牡丹江市)点源污染负荷调查与核算

镜泊湖流域(牡丹江市)点源污染主要包括景区生活污染、规模化养殖污染及陆域水产养殖污染。

6.2.1　景区生活污水负荷调查与核算

随着镜泊湖流域旅游业的迅速发展，旅游业为当地带来经济增长，也带来了污染负荷，其由景区内宾馆、疗养院产生，主要污染物有化学需氧量、生化需氧量、洗涤剂等。根据镜泊湖风景名胜区自然保护区管理委员会(以下简称镜泊湖管委会)提供的数据，近年镜泊湖流域旅游规模如表 6.5 所示，近些年在 60 万～

80 万人次/年，人均排水量为 89.45 升/(人·天)。根据旅游期间排污经验数据：
COD_{Cr} 66g/(人·天)，氨氮 5.6g/(人·天)，总氮 8.4g/(人·天)，总磷 0.84g/(人·天)。
据镜泊湖数据统计，游客在景区内平均居住 3 天，2017 年镜泊湖共接待游客
814871 人。

表 6.5　镜泊湖景区旅游规模及污染物产生量

年份	旅游人数 (人/年)	人均停留天数 (天)	COD_{Cr} 产生量 (t/a)	TN 产生量 (t/a)	氨氮产生量 (t/a)	TP 产生量 (t/a)
2001	159002	3	31.48	3.86	1.81	0.40
2002	198468	3	39.30	4.82	2.26	0.50
2003	127563	3	25.26	3.10	1.45	0.32
2004	238921	3	46.31	5.81	2.72	0.60
2005	259091	3	51.30	6.30	2.95	0.65
2006	246991	3	48.90	6.00	2.82	0.62
2007	299758	3	59.35	7.28	3.42	0.76
2008	320500	3	63.46	7.79	3.65	0.81
2009	369586	3	73.18	8.98	4.21	0.93
2010	387755	3	76.78	9.42	4.42	0.98
2011	614000	3	121.57	14.92	6.70	1.55
2012	972544	3	192.56	23.63	11.09	2.45
2013	782579	3	154.95	19.02	8.92	1.97
2014	727004	3	143.95	17.67	8.29	1.83
2015	548914	3	108.68	13.34	6.26	1.38
2016	607644	3	120.31	14.77	6.93	1.53
2017	814871	3	161.34	19.80	9.29	2.05
2018	638028	3	123.33	16.08	7.27	1.61

数据来源于镜泊湖管委会

　　截至 2018 年底，镜泊湖景区已建有污水处理设施 48 套，包括 13 套集中式
污水处理设施(入网单位 60 家)和 35 套单体污水处理设施，进行污水处理的单位
95 家，详情见表 6.6 及表 6.7。

表 6.6　集中式污水处理站及入网单位一览表

序号	处理站名称	入网单位名称	承建单位	处理量
1		国际俱乐部 (未开业)		
2		山庄大酒店		
3		管委会办公楼		
4		急救中心		
5		房产干部培训中心		
6	山庄污水处理站(12 家)	山庄宾馆	北京市志峰环保设备有限 公司	960t/d 运行良好 排放达标
7		华泰宾馆(热电)		
8		邮政宾馆		
9		哈工大休养所		
10		海事局培训中心		
11		镜泊湖宾馆元首楼		
12		钓鱼台宾馆		
13		宁安市土地培训中心 (未开)		
14		边防疗养院(未开)		240t/d
15	枕湖楼污水处理站(5 家)	黑龙江省环境监测站镜泊湖 站(未开)	北京市志峰环保设备有限 公司	运行良好 排放达标 (108t/d, 2012 年增容改造)
16		武警干休所		
17		枕湖楼宾馆		
18		镜泊湖公安局		120t/d
19	园林处污水处理站(3 家)	园林处	北京市志峰环保设备有限 公司	升级改造 运行良好
20		康华度假村 (无人经营)		
21		黑龙江省黄金疗养院 (集团)		
22	基建处污水处理站(10 家)	黑龙江省政府干休所 (未开)	北京市志峰环保设备有限 公司	240t/d 运行良好 排放达标
23		翠湖村(安全局)		
24		黑龙江省消防培训基地		

续表

序号	处理站名称	入网单位名称	承建单位	处理量
25	基建处污水处理站(10 家)	龙湖山庄(国税，未开)	北京市志峰环保设备有限公司	240t/d 运行良好 排放达标
26		威尼斯宾馆(未开)		
27		基建处、观光车公司		
28		丽日山庄(地税培训中心，未开)		
29		民航宾馆		
30		劳动保险(无人经营)		
31	工商局污水处理站(3 家)	黑龙江省保险公司培训中心	龙江环保公司	300t/d (未验收未运行)
32		黑龙江省工商局培训中心		
33		大坝管理处		
34	杏花村污水处理站(11 家)	大庆湖光宾馆 (未开)	龙江环保公司	300t/d (未验收未运行)
35		碧湖村(宁安农行)		
36		山湖宾馆		
37		地税大厅		
38		鲜鱼馆		
39		污水监测管理中心		
40		黑龙江省民族干休所		
41		黑龙江省交通疗养院 (无人经营)		
42		云水天外园 (无人经营)		
43		富利源(无人经营)		
44		大庆宾馆(后楼)		
45	山庄公厕污水处理站(2 家)	镜泊湖宾馆(前院)	龙江环保公司	150t/d (未验收试运行)
46		山庄公厕		
47	铁路污水处理站(3 家)	铁路工会疗养院	龙江环保公司	300t/d (未验收试运行)
48		铁路招待所		
49		铁路警官培训中心		

续表

序号	处理站名称	入网单位名称	承建单位	处理量
50	孙守波别墅北门(2家)	颐园酒店	北京市志峰环保设备有限公司	50t/d (未运行)
51		地税大厅		
52	欣怡宾馆 (2家)	欣怡宾馆(未开业)	北京市志峰环保设备有限公司	50t/d 排放达标
53		宁安检察院 (未开业)		
54	石化集团 (3家)	蓝岛宾馆	北京市志峰环保设备有限公司	50t/d 排放达标
55		金湖湾宾馆		
56		凯悦商务大酒店 (集团、执法大队)		
57	公交 (2家)	牡丹江市交警培训中心	江苏华能环保公司	150t/d (设备存在缺陷，无法运行)
58		牡丹江市公交休养所		
59	北山宾馆 (2家)	北山宾馆	江苏华能环保公司	100t/d (设备存在缺陷，无法运行)
60		镜湖宾馆		

表 6.7　单体污水处理设施一览表

序号	区位	单位名称	承建单位	处理量(t/d)
1	抱月湾	黑龙江省工商银行疗养院	北京市志峰环保设备有限公司	120t/d 排放达标
2		黑龙江省农业银行干休所	北京市志峰环保设备有限公司	72t/d(未开业)
3		黑龙江省人民银行疗养院	龙江环保公司	200t/d(未开业)
4		抱月湾宾馆	龙江环保公司	150t/d(未开业)
5		中石油休养所	江苏环保公司	72t/d(未开业) 新设备运行良好
6	湖西	黑龙江省电力疗养院	北京市志峰环保设备有限公司	360t/d(未开业)
7		黑龙江省建行疗养院	龙江环保公司	150t/d(未开业) 设备未验收
8		黑龙江省外贸培训中心	龙江环保公司	150t/d(未开业) 设备未验收
9		鹿苑岛宾馆	哈尔滨北鸿公司	48t/d(不达标)

续表

序号	区位	单位名称	承建单位	处理量(t/d)
10	南门内	船舶宾馆	哈尔滨北鸿公司	48t/d(未开业) 设备未验收
11		自来水宾馆	龙江环保公司	50t/d 运行良好
12		加油站	龙江环保公司	100t/d 设备未验收
13		沈阳军区夏休接待站	大牡环保公司	72t/d(未开业) 设备未验收
14		交通疗养院	龙江环保公司	200t/d(未开业) 设备未验收
15		黑龙江省工会职工疗养院	哈尔滨北鸿公司	48t/d 排放达标
16		黑龙江省军荣康复中心	大连环保公司	48t/d(未开业) 排放达标
17		管委会培训中心	哈尔滨北鸿公司	30t/d(未开业)
18	苇子沟	浅山区培训中心	哈工大	48t/d(未开业)
19		小龙头宾馆	牡丹江环境研究所	48t/d(未开业)
20	通财路	金柜山庄(省财政厅)	哈工大	100t/d 排放达标
21		黑龙江省法官学院	大连环保公司	48t/d(未运行)
22	北湖	快活轮	北京市志峰环保设备有限公司	24t/d (设备未安装,无法运行)
23		林业疗养院	北京市志峰环保设备有限公司	120t/d 运行良好
24	南门	黑龙江省卫生厅疗养院	龙江环保公司	100t/d(未开业) 设备未验收
25	南湖	水产度假村	大连环保公司	36t/d（未开业）
26	湖西	飞龙潭山庄(2 台)	北京市志峰环保设备有限公司	72t/d 运行良好
			大连环保公司	50t/d 排放达标
27	湖西	紫菱湖生态园	江苏华能环保公司	50t/d (设备存在缺陷,无法运行)

续表

序号	区位	单位名称	承建单位	处理量(t/d)
28	湖西	龙泉疗养院	大连环保公司	50t/d（未开业）
29	湖西	水产养殖场	江苏华能环保公司	250t/d(未运行)
30	抱月湾	牡丹江市卫生培训中心	大连环保公司	50t/d(未开业)
31	北门	二发电光明度假村	江苏华能环保公司	50t/d(未开业)
32	北门	明月湾度假村	江苏华能环保公司	30t/d(未开业)
33	南门	南门收费站	江苏华能环保公司	30t/d(未开业)
34	通财路	广电集团	江苏华能环保公司	30t/d(未开业)

入网 13 个集中式污水处理站的单位(60 家)，其中集中式污水处理设施已投运 6 套，其余 7 套中，2 套未验收，试运行；3 套尚未验收运行；2 套存在缺陷，未运行；目前可处理量为 1660t/d。34 家单位采用单体式污水处理设施进行污水处理，其中，6 家能正常运行，其余 28 家中，22 家尚未营业，剩余 6 家中，1 套不达标，1 套未验收，2 套未运行，1 套未完成安装，1 套存在缺陷，目前正常处理能力合计 560t/d。镜泊湖景区的营运特点为：运营时间一般为 5 月～11 月，营业期 6 个月，以 180 天计算。原则上，按照设施处理能力能够满足处理需求。但目前部分设备尚存在未运行或存在缺陷等问题。

按照客观比率，一般运行状况下 35%的污水量，在建成污水处理厂，处理能力能达到《城镇污水处理厂污染物排放标准》(GB 18918—2002)一级 A 标准，化学需氧量(COD_{Cr})50mg/L、总氮 15mgL、总磷 0.5mg/L、氨氮 6.9mg/L。使用经校准系数处理后的 2017 年数据计算镜泊湖景区旅游生物污水污染负荷，结果见表 6.8。

表 6.8　景区旅游污染负荷

	TN(t/a)	TP(t/a)	氨氮(t/a)	COD_{Cr}(t/a)
产生量	23.76	2.46	11.15	193.16
排放量	16.632	1.722	7.805	135.212
入湖量	16.632	1.722	7.805	135.212

6.2.2　规模化养殖污染负荷调查与核算

统计资料显示，镜泊湖流域(牡丹江市)畜禽养殖场共 4 家，统一按照规模化养殖场统计，养殖场名称、位置、养殖种类、存栏量等见表 6.9 及图 6.2。

表 6.9　镜泊湖流域(牡丹江市)规模化养殖场概况

养殖场名称	养殖场位置	养殖种类	存栏量(头)	清粪工艺	养殖用水量(t/a)	液体粪污产生量(t/a)	固体粪污产生量(t/a)
兆东养殖场	东京城林业局东方红林场	肉牛	220	干清粪	2409	2039.62	2115.91
忠波养殖场	东京城林业局湖南林场	肉牛	88	干清粪	964	816.03	846.36
延庆养殖场	东京城林业局湖南林场	肉牛	90	干清粪	986	834.62	865.6
晨旭养殖场	镜泊镇五峰村	肉牛	285	干清粪	3120	2641.9	2741.06

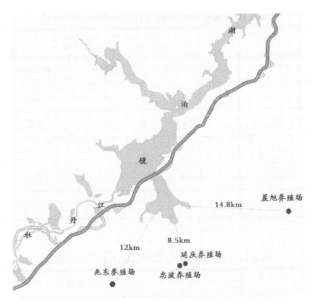

图 6.2　镜泊湖流域(牡丹江市)养殖场位置图

根据《第一次全国污染源普查畜禽养殖业源产排污系数手册》(以下简称《手册》)，相关参数如下。

畜禽养殖产污系数：在典型的正常生产和管理条件下，一定时间内(《手册》中以"天"为单位)，单个畜禽所产生的原始污染物量。

畜禽养殖排污系数：在典型的正常生产和管理条件下，单个畜禽产生的原始污染物经处理设施消减或利用后，或未经处理利用而直接排放到环境中的污染物量。

东北地区肉牛污染物化学需氧量产污系数为 3086.39g/(头·天)，全氮产污系数为 150.81g/(头·天)，全磷产污系数 17.06g/(头·天)。

东北地区肉牛在干清粪工艺下污染物化学需氧量排污系数为 70.82g/(头·天)，全氮排污系数为 15.51g/(头·天)，全磷排污系数 0.89g/(头·天)。

污染物氨氮产污系数、排放系数参照《全国规模化畜禽养殖业污染情况调查技术报告》中的畜禽养殖业污染物全氮、氨氮排放量比值等比例估算。

畜禽养殖场排放污染物入湖系数参照《主要水污染物总量分配指导意见》中入河系数(1km<L≤10km，入河系数 0.9；10km<L≤20km，入河系数 0.8)以及《水资源持续利用与管理导论》中污染物进入水域(河湖海)的数量,通常以流达率80%计算。

根据养殖场与镜泊湖距离的不同，确定兆东养殖场污染物入湖系数为 0.86，忠波养殖场和延庆养殖场入湖系数为 0.9，晨旭养殖场入湖系数为 0.85。

镜泊湖流域(牡丹江市)养殖场污染负荷估算见表 6.10~表 6.12。

表 6.10　镜泊湖流域(牡丹江市)养殖场产污量

养殖场名称	肉牛存栏量(头)	产污量			
		TN(t/a)	TP(t/a)	氨氮(t/a)	COD$_{Cr}$(t/a)
兆东养殖场	220	12.11	1.37	5.56	247.84
忠波养殖场	88	4.84	0.55	2.22	99.13
延庆养殖场	90	4.95	0.56	2.27	101.39
晨旭养殖场	285	15.69	1.77	7.20	321.06
合计	683	37.59	4.25	17.25	769.42

表 6.11　镜泊湖流域(牡丹江市)养殖场排放量

养殖场名称	肉牛存栏量(头)	排放量			
		TN(t/a)	TP(t/a)	氨氮(t/a)	COD$_{Cr}$(t/a)
兆东养殖场	220	1.25	0.07	0.57	5.69
忠波养殖场	88	0.50	0.03	0.23	2.27
延庆养殖场	90	0.51	0.03	0.23	2.33
晨旭养殖场	285	1.61	0.09	0.74	7.37
合计	683	3.87	0.22	1.77	17.66

表 6.12 镜泊湖流域(牡丹江市)养殖场入湖量

养殖场名称	肉牛存栏量(头)	入湖量			
		TN(t/a)	TP(t/a)	氨氮(t/a)	COD$_{Cr}$(t/a)
兆东养殖场	220	1.07	0.06	0.49	4.89
忠波养殖场	88	0.45	0.03	0.21	2.05
延庆养殖场	90	0.46	0.03	0.21	2.09
晨旭养殖场	285	1.37	0.08	0.63	6.26
合计	683	3.35	0.20	1.54	15.29

6.2.3 陆域水产养殖污染负荷调查与核算

经过调查陆域水产养殖是不投饵料的，不产生污染负荷：镜泊湖流域(牡丹江市)陆域水产养殖主要分布在镜泊湖环湖周边区域的镜泊镇和沙兰镇内 10 个村中，鱼塘养殖面积约 3275 亩(1 亩≈666.67 平方米)，养殖种类以鲢鱼、鳙鱼、鲤鱼和鲫鱼为主，不投入饲料和渔药。具体统计信息见表 6.13。养鱼场所为在河流段栏坝养殖，天然放养方式；进水、出水均为日常流动的活水。由于镜泊湖流域陆域水产养殖不投入饲料和渔药，为野生放养鱼，因此将该类型污染负荷认定为 0。

表 6.13 镜泊湖陆域水产养殖面积统计

乡镇	位置	养殖面积(亩)	流向	养殖品种	投入品	
					饲料(t)	渔药
镜泊镇	镜泊村东	150	镜泊湖	鲢鳙鲤鲫	否	否
	松乙桥屯村	16	松乙河	鲢鳙鲤鲫	否	否
	湖南村西	500	镜泊湖	鲢鳙鲤鲫	否	否
	湾沟村北	35	松乙河	鲢鳙鲤鲫	否	否
	庆丰村(英歌岭)	29	镜泊湖	鲢鳙鲤鲫	否	否
	复兴村北	150	复兴泡	鲢鳙鲤鲫	否	否
	东大泡北	120	东大泡	鲢鳙鲤鲫	否	否
	湖西渔场屯北	1800	镜泊湖	鲢鳙鲤鲫	否	否
沙兰镇	二间村东(黑鱼泡)	60	镜泊湖	鲢鳙鲤鲫	否	否
	二间村东(黑鱼泡)	200	镜泊湖	鲢鳙鲤鲫	否	否
	二间村东(黑鱼泡)	30	镜泊湖	鲢鳙鲤鲫	否	否
	二间村东(黑鱼泡)	15	镜泊湖	鲢鳙鲤鲫	否	否

续表

乡镇	位置	养殖面积(亩)	流向	养殖品种	投入品	
					饲料(t)	渔药
沙兰镇	二闾村东(腰岭子)	30	腰岭子河	鲢鳙鲤鲫	否	否
	二闾村东(三仙福)	20	尔站河	鲢鳙鲤鲫	否	否
	二闾村东(三仙福)	30	尔站河	鲢鳙鲤鲫	否	否
	二闾村河南	45	尔站河	鲢鳙鲤鲫	否	否
	二闾村河南	45	尔站河	鲢鳙鲤鲫	否	否
合计		3275				

所以，最终认定的点源污染主要来自于景区生活污水和规模化养殖。

6.3　镜泊湖流域(牡丹江市)面源污染负荷调查与核算

6.3.1　农村生活污染负荷调查与核算

根据 2019 年最新统计数据，2018 年镜泊湖流域农村人口总数为 24629 人。2016 年牡丹江市水资源公报数据显示镜泊湖流域农村生活污水人均用水量为 61L/(人·天)，排放系数按 0.8 计。《全国水环境容量核定技术指南》给出的农村生活污染物产污系数如下：COD_{Cr} 产生量 40g/(人·天)，氨氮 4g/(人·天)。根据镜泊湖流域农村生活污水排污的特点和测算结果，取 COD_{Cr} 排放系数为 19.8g/(人·天)，氨氮排放系数为 2.44g/(人·天)，总氮排放系数为 3.66g/(人·天)，总磷排放系数为 0.26g/(人·天)。农村生活污染源入湖系数取 0.2。据此，估算各分区生活污染排放量和入湖量，见表 6.14。

表 6.14　镜泊湖流域农村生活污水污染负荷

乡镇	村	污水量(万 t/a)	COD_{Cr} 排放总量(t/a)	氨氮排放总量(t/a)	TN 排放总量(t/a)	TP 排放总量(t/a)	COD_{Cr} 入湖总量(t/a)	氨氮入湖总量(t/a)	TN 入湖总量(t/a)	TP 入湖总量(t/a)
东京城林业局	梨树沟经营所	0.45	1.81	0.22	0.34	0.02	0.363	0.045	0.067	0.005
	江山娇实验林场	0.62	2.51	0.31	0.46	0.03	1.256	0.155	0.232	0.016
	鹿苑岛林场	0.00	0.00	0.00	0.00	0.00	0.000	0.000	0.000	0.000

续表

乡镇	村	污水量 (万 t/a)	COD_Cr 排放总量(t/a)	氨氮排放总量(t/a)	TN 排放总量(t/a)	TP 排放总量(t/a)	COD_Cr 入湖总量(t/a)	氨氮入湖总量(t/a)	TN 入湖总量(t/a)	TP 入湖总量(t/a)
东京城林业局	湖北经营所	1.24	5.03	0.62	0.93	0.07	2.513	0.310	0.464	0.033
	湖西经营所	0.00	0.00	0.00	0.00	0.00	0.000	0.000	0.000	0.000
	苇子沟经营所	0.78	3.17	0.39	0.59	0.04	1.585	0.195	0.293	0.021
	南湖经营所	1.47	5.98	0.74	1.11	0.08	2.992	0.369	0.553	0.039
	英格岭经营所	0.54	2.21	0.27	0.41	0.03	1.105	0.136	0.204	0.015
	湖南林场	0.52	2.12	0.26	0.39	0.03	1.062	0.131	0.196	0.014
	东方红林场	0.69	2.82	0.35	0.52	0.04	1.409	0.174	0.261	0.019
	小计	6.31	25.65	3.16	4.75	0.34	12.29	1.52	2.27	0.16
镜泊镇	镜泊村	3.92	15.94	1.96	2.94	0.20	7.968	0.980	1.472	0.104
	后渔村	1.72	7.00	0.86	1.29	0.09	3.499	0.431	0.647	0.046
	松乙桥屯	0.48	1.94	0.24	0.36	0.03	0.970	0.119	0.179	0.013
	湖南村	1.76	7.16	0.88	1.32	0.10	3.584	0.440	0.664	0.048
	城子村	0.54	2.22	0.28	0.40	0.02	1.108	0.136	0.204	0.016
	湖西村	1.59	6.47	0.80	1.20	0.08	3.234	0.399	0.598	0.042
	复兴村	3.18	12.88	1.58	2.38	0.16	6.440	0.792	1.192	0.084
	北石村	2.13	8.64	1.07	1.60	0.11	4.321	0.533	0.799	0.057
	小夹吉河村	1.17	4.76	0.59	0.88	0.06	2.382	0.294	0.440	0.031
	褚家村	3.18	12.90	1.59	2.38	0.17	6.450	0.795	1.192	0.085
	东大泡村	3.18	12.91	1.59	2.39	0.17	6.454	0.795	1.193	0.085
	金家村	3.19	12.93	1.59	2.39	0.17	6.463	0.796	1.195	0.085
	良种场村	1.66	6.72	0.83	1.24	0.09	3.360	0.414	0.621	0.044
	庆丰村	5.76	23.39	2.88	4.32	0.31	11.694	1.441	2.162	0.154
	湾沟村	2.50	10.15	1.25	1.88	0.13	5.077	0.626	0.938	0.067
	五峰楼村	2.91	11.79	1.45	2.18	0.15	5.897	0.727	1.090	0.077

续表

乡镇	村	污水量 (万 t/a)	CODCr 排放总 量(t/a)	氨氮排 放总量 (t/a)	TN 排放 总量 (t/a)	TP 排放 总量 (t/a)	CODCr 入湖总 量(t/a)	氨氮入 湖总量 (t/a)	TN 入湖 总量 (t/a)	TP 入湖 总量 (t/a)
镜泊镇	永丰村	1.76	7.12	0.88	1.32	0.09	3.562	0.439	0.658	0.047
	江北村	0.99	4.03	0.50	0.75	0.05	2.016	0.248	0.373	0.026
	小计	41.62	168.95	20.82	31.22	2.18	84.479	10.405	15.617	1.111
三陵乡	北湖村	0.94	3.79	0.47	0.70	0.05	0.759	0.094	0.140	0.010
沙兰镇	二间村	3.56	14.46	1.78	2.67	0.19	2.892	0.356	0.535	0.038
	小北湖 林场	0.79	3.20	0.39	0.59	0.04	0.641	0.079	0.118	0.008
	小计	4.35	17.66	2.18	3.27	0.23	3.53	0.44	0.65	0.05
合计		53.22	216.05	26.63	39.94	2.8	101.06	12.06	18.68	1.33

综上，污染物排放量分别为 CODCr 216.05t/a、氨氮 26.63t/a、TN 39.94t/a、TP 2.8t/a，污染物入湖量分别为 CODCr 101.06t/a、氨氮 12.06t/a、TN 18.68t/a、TP 1.33t/a。

6.3.2　农业种植污染负荷调查与核算

根据调查，镜泊湖流域内旱田以种植大豆和玉米为主，水田主要种植水稻，化肥施用以复合肥为主，流域内耕地面积共 157561.79 亩。

径流量是指降雨量减去蒸发、渗透和其他损失外沿地面流入沟、河的水量。农田径流废水源强系数是指时段内(一般为年)单位耕地面积所产生的平均流量，根据 2016 年牡丹江市水资源公报，农田实灌亩均用水量为 470m³/(亩·年)，农田灌溉水有效利用系数 0.57，因此，镜泊湖流域农田径流废水源强系数为 202.1m³/(亩·年)。农业种植业污染，主要是指农田中剩余的化肥和农药经径流进入水体，使水环境中氮、磷等营养盐负荷增加，而使水体遭受污染。

农田径流污染排放负荷采用标准农田源强系数修正法来计算。标准农田指的是平原、种植作物为小麦、土壤类型为壤土、化肥施用量为 25～35kg/(亩·年)，降水量在 400～800mm 范围内的农田。标准农田源强系数为 CODCr 10kg/(亩·年)，氨氮 2kg/(亩·年)，总氮 3kg/(亩·年)，总磷 0.25kg/(亩·年)。对于镜泊湖流域农田，对应的源强系数需要进行修正：

(1) 坡度修正：土地坡度在 25° 以下，流失修正系数为 1.2；25° 以上，流失修正系数为 1.2～1.5。镜泊湖流域属低山丘陵地貌，坡度一般在 10°～20° 之间，取坡度修正系数为 1.2。

　　(2) 农作物类型修正：以玉米、高粱、小麦、大麦、水稻、大豆、棉花、油料、糖料、经济林等主要作物作为研究对象，确定不同作物的污染物修正系数，镜泊湖流域取农作物类型修正系数为 1.1。

　　(3) 土壤类型修正：将农田土壤按质地进行分类，即根据土壤成分中的黏土和砂土进行分类，分为砂土、壤土和黏土。壤土修正系数为 1.0；砂土修正系数为 1.0～0.8；黏土修正系数为 0.8～0.6。镜泊湖流域土壤基本上以山地暗棕壤土为主要土类，占全区面积的 85%，取土壤类型修正系数为 1.0。

　　(4) 化肥施用量修正：化肥施用量在 25kg/(亩·年)以下，修正系数取 0.8～1.0；在 25～35kg/(亩·年)之间，修正系数取 1.0～1.2；在 35kg/(亩·年)以上，修正系数取 1.2～1.5。镜泊湖流域化肥使用量在 39kg/(亩·年)，取化肥施用量修正系数为 1.2。

　　(5) 降水量修正：年降水量在 400mm 以下的地区取流失系数为 0.6～1.0；年降水量在 400～800mm 之间的地区取修正系数为 1.0～1.2；年降水量在 800mm 以上的地区取修正系数为 1.2～1.5。镜泊湖流域各气象站数据显示，镜泊湖流域年均降水量在 674.3mm 左右，取降水量修正系数为 1.0。

　　综合修正系数为 1.584。镜泊湖流域农田径流污染负荷详见表 6.15。结合研究流域具体情况，确定农业种植污染源入湖量，如表 6.15 所示。

表 6.15　镜泊湖流域农田径流污染负荷

乡镇	耕地(亩)	COD$_{Cr}$排放总量(t/a)	氨氮排放总量(t/a)	TN 排放总量(t/a)	TP 排放总量(t/a)	COD$_{Cr}$入湖总量(t/a)	氨氮入湖总量(t/a)	TN 入湖总量(t/a)	TP 入湖总量(t/a)
东京城林业局	28616.50	422.02	84.40	126.61	10.55	205.40	41.08	61.62	5.14
镜泊镇	107590.29	1689.42	342.69	506.19	42.40	852.12	170.44	255.62	21.29
三陵乡	4600.00	72.86	14.57	21.86	1.82	14.57	2.91	4.37	0.36
沙兰镇	16755.00	265.40	53.08	79.62	6.63	53.08	10.62	15.92	1.33
合计	157561.79	2449.70	494.74	734.28	61.40	1125.17	225.05	337.53	28.12

　　综上，镜泊湖流域耕地总面积为 157561.79 亩，农业种植污染物排放量分别为 COD$_{Cr}$ 2449.70t/a、氨氮 494.74t/a、TN 734.28t/a、TP 61.40t/a，污染物入湖量分别为 COD$_{Cr}$ 1125.17t/a、氨氮 225.05t/a、TN 337.53t/a、TP 28.12t/a。

6.3.3　暴雨径流面源污染负荷调查与核算

　　暴雨径流面源污染负荷主要来自降雨径流对地表的冲刷，指一年中所有降雨所引起的地表径流产生的污染物总量。镜泊湖流域(牡丹江市) 属于水力侵蚀区，尤其是环湖部分山体属于强水力侵蚀区，考虑暴雨对地表的冲刷侵蚀作用，计算暴雨径流面源污染负荷及入湖量。通用的土壤侵蚀公式如下：

$$A = R \times K \times S \times L \times C \times P$$

式中：A 为土壤流失量$[t/(hm^2 \cdot a)]$；R 为降雨侵蚀力因子$[MJ \cdot mm/(hm^2 \cdot h \cdot a)]$；$K$ 为土壤可蚀性因子$[t \cdot hm^2 \cdot h/(hm^2 \cdot mJ \cdot mm)]$；$L$ 为坡长因子；S 为坡度因子；C 为植被覆盖与管理因子；P 为水土保持措施因子。

降雨侵蚀力因子 R 是指单位降雨侵蚀指标。R 反映降雨引起土壤侵蚀的潜在能力，是一个区域土壤侵蚀降雨宏观特征的重要指标。土壤侵蚀量的大小与当地的降雨条件、土壤结构等因素有密切关系，其中降雨是引起土壤侵蚀的第一要素，是主导因子，降雨特征影响水土流失的面积和强度。

根据降雨量与 R 之间的回归方程，已知镜泊湖流域年平均降雨量为733.3mm，

$$R = 0.045 \times 733.3^{1.61} (降雨量 < 850mm)$$

则可以计算出镜泊湖流域降雨侵蚀因子 $R = 1846.36MJ \cdot mm/(hm^2 \cdot h \cdot a)$。

K 值大小表示土壤抗蚀性能的强弱，K 值越大，抗蚀性能越弱，反之则越强，镜泊湖流域 K 值取 0.3482。L 为坡长因子，S 为坡度因子，通过镜泊湖流域高程图估算。

C 是植被覆盖与管理因子，反映植被覆盖对水土流失的影响，是其他条件相同时，经过植被管理的土地和普通标准土地发生水土流失量的比值；P 是水土保持措施因子，即有水土保持措施地块上的土壤流失与没有水土保持措施小区上土壤流失量的比值；一般来说，P 值越小，经营管理的水土保持效果越好，水土侵蚀作用越小。研究根据《土地利用现状分类》(GB/T 21010—2017)确定镜泊湖山体为林草地，根据《土壤侵蚀预报模型》中所确定的相应 C、P 值，取 C 为 0.05，P 为 0.8。则镜泊湖流域(牡丹江市)暴雨径流面源污染详见表 6.16。

表 6.16　暴雨径流面源污染负荷统计

污染物	TN(t/a)	TP(t/a)	氨氮(t/a)	COD$_{Cr}$(t/a)
排放量	568.75	2.3	240.2	9905.1
入湖量	113.78	0.44	48.04	990.51

6.3.4　分散式畜禽养殖污染负荷调查与核算

据调查，镜泊湖流域内的分散式畜禽养殖主要以牛、猪、鸡、羊为主，共饲养牛 3169 头，猪 1173 头，禽类 11555 只，羊 500 头。

　　根据《全国水环境容量核定技术指南》中推荐的折算方法和参数,把所有的畜禽养殖动物都换算成猪,折算关系如下:30 只蛋鸡折合为 1 头猪,60 只肉鸡折合为 1 头猪,3 只羊折合为 1 头猪,5 头猪折合为 1 头牛,流域合计猪当量为17377 头。畜禽养殖污染物产生量可参照如下经验系数估算:猪,$CODCr$50g/(头·天),氨氮 10g/(头·天)。

　　镜泊湖流域分散式畜禽养殖污染物产污系数可参照以下经验系数估算,猪,$CODCr$ 50g/(头·天),氨氮 10g/(头·天)。对畜禽废渣以回收等方式进行处理的污染源,按产生量的 12%计算污染物流失量。

　　经计算,镜泊湖流域畜禽养殖污染排放量分别为 $CODCr$ 115.96t/a、氨氮5.21t/a、TN 10.93t/a、TP 3.81t/a,污染物年入湖量分别为 $CODCr$ 24.96t/a、氨氮1.12t/a、TN 2.34t/a、TP 0.82t/a。流域内各分区畜禽养殖污染负荷详见表 6.17。

表 6.17　镜泊湖流域分散式畜禽养殖污染负荷

乡镇	存栏规模(头猪)	污水量(万 t/a)	$CODCr$排放总量(t/a)	氨氮排放总量(t/a)	TN 排放总量(t/a)	TP 排放总量(t/a)	$CODCr$入湖总量(t/a)	氨氮入湖总量(t/a)	TN 入湖总量(t/a)	TP 入湖总量(t/a)
东京城林业局	1426	0.78	8.19	0.37	0.77	0.27	2.05	0.09	0.19	0.07
镜泊镇	14072	7.70	80.85	3.63	7.62	2.65	20.21	0.91	1.90	0.66
三陵乡	829	0.45	4.76	0.21	0.45	0.16	0.48	0.02	0.04	0.02
沙兰镇	3857	2.11	22.16	1.00	2.09	0.73	2.22	0.10	0.21	0.07
合计	20184	11.04	115.96	5.21	10.93	3.81	24.96	1.12	2.34	0.82

6.3.5　向湖侧山体水侵蚀污染负荷调查与核算

　　在降水产流条件下,山体土壤中的营养物质与水流发生复杂的物理化学生物作用,以溶解、交换、吸附、淋洗、扩散等方式形成径流进入湖体。镜泊湖属于堰塞湖,周围被山体环绕,有很多岸带临山,山体陡峭,汇流速度快,且山体水力侵蚀度高,在降雨(雪)情况下,将快速形成汇流入湖,汇流中夹带大量的氮磷污染物,引起雨后几天湖水营养盐升高。根据清华大学"产汇流过程对流域营养物质输出与汇集的影响"研究结果,雨水对山坡坡面土壤冲刷侵蚀作用造成地表产流水中的 TN、TP 高于雨水中的浓度,而部分氨氮由于被土壤胶体吸收,氨氮浓度会低于雨水中的浓度。根据坡度、土壤性质、水力侵蚀度的校核,推算镜泊湖周围山体降水产流的浓度为:TN 5.06mg/L,氨氮 0.34mg/L,TP 0.05mg/L,$CODCr$15.12mg/L。

堰塞湖周围环山第一重山脊向湖侧降水坡面产流污染负荷计算公式为

$$W_i=M_i\times D\times H$$

式中：W_i 为某种污染物坡面产流负荷；M_i 为某种污染物产流中的浓度；D 为第一重山脊向湖侧总面积；H 为平均年降水量。

由 2008～2018 年镜泊湖周边气象站监测数据得知，镜泊湖所在区域的年降水平均为 733.3mm。

镜泊湖周围山体高度不等，北湖山体海拔高，南湖周围山体海拔低，取镜泊湖周围山体平均高度为 350m。镜泊湖周围山体第一重山脊距离镜泊湖平均水平在 80～550m 范围内，估算其平均值约为 260m。则镜泊湖周围山体第一重山脊距离镜泊湖的斜面约为 436m。根据实际调查结果，镜泊湖周围山体沿镜泊湖岸线长度约为 186.3km。镜泊湖周围山体第一重山脊到镜泊湖岸线汇水面积约 81km²。

第一重山脊向湖侧总面积 D=81km²。

通过计算得出镜泊湖周围环山第一重山脊向湖侧降水坡面产流污染负荷分别为：COD_{Cr} 898.09t/a、TN 300.55t/a、氨氮 20.20t/a、TP 29.70t/a。

该类污染直接入湖，入湖系数选 1，则向湖侧山体水侵蚀污染入湖量为 COD_{Cr} 898.09t/a、TN 300.55t/a、氨氮 20.20t/a、TP 2.97t/a。

6.4　镜泊湖流域(牡丹江市)污染源汇总分析

镜泊湖流域(牡丹江市)入湖污染负荷为 TN 1273.35t/a、TP 38.84t/a、氨氮 596.51t/a 和 COD_{Cr} 4038.76t/a，其中内源 TN 480.49t/a、TP 3.44t/a、氨氮 280.38t/a 和 COD_{Cr} 748.47t/a；点源 TN 19.98t/a、TP 1.72t/a、氨氮 9.35t/a 和 COD_{Cr} 150.5t/a；面源 TN 772.88t/a、TP 33.68t/a、氨氮 306.78t/a 和 COD_{Cr} 3139.79t/a。内源、点源与面源占比如图 6.3 所示，其中内源 TN 占比 37.73%、TP 占比 8.86%、氨氮占比 47.00%，

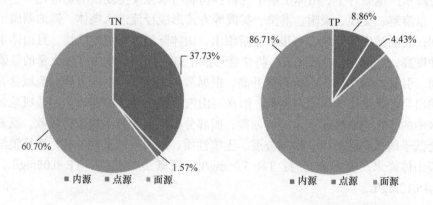

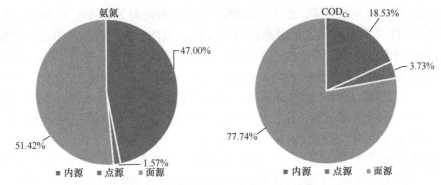

图6.3　镜泊湖流域(牡丹江市)污染源类型对比图

COD$_{Cr}$占比18.53%；点源TN占比1.57%、TP占比4.43%、氨氮占比1.57%，COD$_{Cr}$占比3.73%；面源TN占比60.70%、TP占比86.71%、氨氮占比51.42%，COD$_{Cr}$占比77.74%。

　　镜泊湖流域(牡丹江市)入湖污染负荷各类污染源占比如图6.4所示，入湖污染负荷TN中农业种植占比最高，为26.51%；次之为向湖侧山体水侵蚀，占比

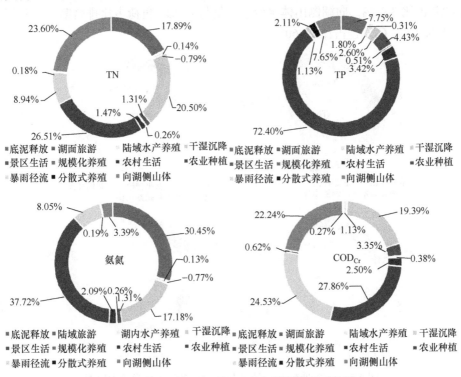

图6.4　镜泊湖流域(牡丹江市)污染源类型占比图

23.60%；第三为干湿沉降，占比 20.50%；第四为底泥释放，占比 17.89%。入湖污染负荷 TP 中农业种植占比最高，为 72.40%；其次为底泥释放，占比 7.75%；第三为向湖侧山体水侵蚀，占比 7.65%；第四为景区生活，占比 4.43%。入湖污染负荷氨氮中农业种植占比最高，为 37.72%；其次为底泥释放，占比 30.45%；第三为干湿沉降，占比 17.18%；第四为暴雨径流面源，占比 8.05%。入湖污染负荷 COD$_{Cr}$ 中农业种植最高，占比 27.86%；其次为暴雨径流面源，占比 24.53%；第三为向湖侧山体水侵蚀，占比 22.24%；第四为干湿沉降，占比 19.39%。

　　镜泊湖流域(牡丹江市)入湖污染负荷中面源污染负荷占比最高、情况最为复杂，污染源类型最多。因此，针对镜泊湖流域(牡丹江市)面源入湖污染负荷单独进行分析，结果见图 6.5。镜泊湖流域(牡丹江市)面源入湖污染负荷中农业种植面源占比最高，其 TN 占比 43.67%、TP 占比 83.49%、氨氮占比 73.34%、COD$_{Cr}$ 占比 35.84%；面源入湖污染负荷中向湖侧山体水侵蚀 TN 与 TP 负荷占比次高，其 TN 占比 38.89%、TP 占比 8.82%；暴雨径流面源氨氮与 COD$_{Cr}$ 负荷占比次高，氨氮占比 15.65%、COD$_{Cr}$ 占比 31.55%；面源入湖污染负荷中暴雨径流面源 TN 负荷占比排名第三，其 TN 占比 14.72%，农村生活面源 TP 负荷占比排名第三，其 TP 占比 3.95%，向湖侧山体水侵蚀氨氮与 COD$_{Cr}$ 负荷占比排名第三，其氨氮占比 6.58%、COD$_{Cr}$ 占比 28.60%。

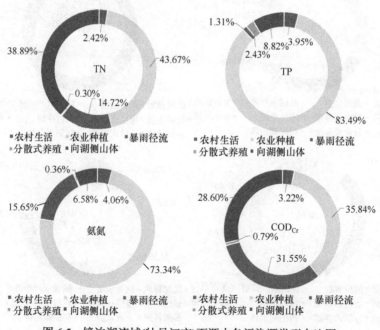

图 6.5　镜泊湖流域(牡丹江市)面源中各污染源类型占比图

6.5　本章小结

黑龙江省自身污染源以面源污染为主，TN 占比 60.71%、TP 占比 86.71%，且农业种植在面源污染中占比最大。

镜泊湖流域(牡丹江市)入湖污染负荷为 TN 1273.35t/a、TP 38.84t/a、氨氮 596.6t/a 和 COD_{Cr} 4038.76t/a，其中内源 TN 480.49t/a、TP 3.44t/a、氨氮 280.38t/a 和 COD_{Cr} 748.47t/a；点源 TN 19.98t/a、TP 1.72t/a、氨氮 9.35t/a 和 COD_{Cr} 150.5t/a；面源 TN 772.88t/a、TP 33.68t/a、氨氮 306.78t/a 和 COD_{Cr} 3139.79t/a。

湖面干湿沉降及土壤侵蚀污染不容忽视。

根据 2018 年全年对镜泊湖降水的监测结果，降水中总氮浓度平均浓度 3.89mg/L，总磷平均浓度 0.015mg/L，氨氮平均浓度 1.52mg/L，COD_{Cr} 平均浓度 11.67mg/L。也就是说，降水已经是劣 V 类水质，我国多个地区降水呈现类似污染加重趋势。可见该流域的大气污染控制不可松懈。

另外，镜泊湖流域黑龙江境内区域属于强土壤侵蚀区，污染物流失量大，尤其是环湖山体坡度大、土壤侵蚀度高，成为又一重要污染来源。较我国其他地区湖泊相比，该项污染值排位明显靠前。因此，水土保持工作亟待开展。

第7章 镜泊湖流域污染负荷整体核算与分析

镜泊湖流域污染负荷以两种核算方法进行核算，一种是以入湖河流统计法核算镜泊湖入湖污染负荷，另一种是以分类污染源统计法核算镜泊湖入湖污染负荷。以入湖河流统计法率定，以分类污染源统计法核算结果，通过两种统计方法计算结果的比较，确保统计结果的准备性和可靠性。最后，把以分类污染源统计法统计的结果按照行政区域进行统计，方便下一步进行污染物削减量的计算。

7.1 以入湖河流统计法核算污染负荷

镜泊湖入湖河流污染负荷加上镜泊湖内源和向湖侧山体面源污染，以入湖河流算法统计出镜泊湖污染负荷总入湖量为 TN 4632.08t/a、TP 293.27t/a、氨氮 1555.47t/a 和 COD$_{Cr}$ 26278.71t/a(表 7.1)。

表 7.1 镜泊湖入湖河流污染负荷统计表

类型		污染负荷			
		TN(t/a)	TP(t/a)	氨氮(t/a)	COD$_{Cr}$(t/a)
入湖河流	其他所有入湖河流污染负荷	1404.44	54.48	341.14	9998.59
	牡丹江入湖污染负荷	2446.60	232.38	913.75	14633.56
内源	底泥释放	227.77	3.01	181.68	
	湖面旅游	1.72	0.12	0.79	11.09
	水产养殖	−10.01	−0.70	−4.59	−45.65
	干湿沉降	261.01	1.01	102.50	783.03
向湖侧山体水侵蚀		300.55	2.97	20.20	898.09
合计		4632.08	293.27	1555.47	26278.71

以入湖河流统计法核算镜泊湖入湖污染负荷，各源占比情况如图 7.1 所示。

牡丹江入湖污染负荷 TN 占比 52.82%、TP 占比 79.24%、氨氮占比 58.47%，COD_{Cr} 占比 55.69%；其他河流入湖污染负荷 TN 占比 30.32%、TP 占比 18.57%、氨氮占比 21.93%，COD_{Cr} 占比 38.05%；内源 TN 占比 10.37%、TP 占比 1.17%、氨氮占比 18.03%，COD_{Cr} 占比 2.85%；向湖侧山体水侵蚀污染负荷 TN 占比 6.49%、TP 占比 1.01%、氨氮占比 1.30%，COD_{Cr} 占比 3.42%。

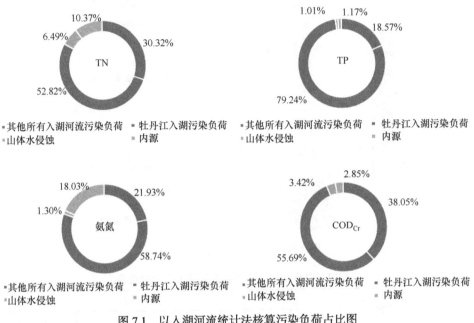

图 7.1　以入湖河流统计法核算污染负荷占比图

7.2　以分类污染源统计法核算污染负荷

镜泊湖流域污染源分类统计见图 7.2，镜泊湖黑龙江流域污染负荷加省界河流污染负荷即为分类污染源统计法核算的污染负荷入湖量。黑龙江流域污染负荷分为点源、面源和内源，其中点源分为景区生活污染、规模化养殖污染、陆域水产养殖污染；面源分为农村生活污染、农业种植污染、暴雨径流、畜禽养殖污染和向湖侧山体水侵蚀污染；内源分为湖体底泥释放、湖内水产养殖污染、湖面旅游服务排放污水和湖面干湿沉降。

各个分类污染源统计核算出的入湖污染负荷见表 7.2，以分类污染源统计法核算出镜泊湖流域污染负荷入湖量为 TN 4135.94t/a、TP 279.17t/a、氨氮 1581.95t/a 和 COD_{Cr} 21083.35t/a。

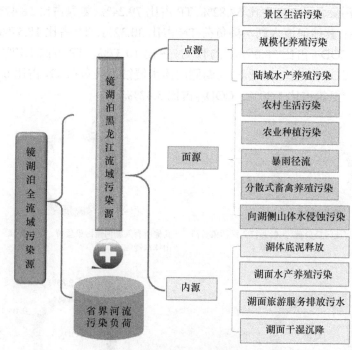

图 7.2　镜泊湖流域污染源分类图

表 7.2　以分类污染源统计法核算入湖污染负荷

类型		入湖污染负荷			
		TN(t/a)	TP(t/a)	氨氮(t/a)	COD_{Cr}(t/a)
牡丹江入湖		2446.6	232.38	913.75	14633.56
内源	湖体底泥释放	227.77	3.01	181.68	
	湖面旅游服务	1.72	0.12	0.79	11.09
	湖面水产养殖	−10.01	−0.70	−4.59	−45.65
	湖面干湿沉降	261.01	1.01	102.50	783.03
点源	景区生活	16.632	1.722	7.805	135.212
	规模化养殖	3.35	0.20	1.54	15.29
面源	农村生活	8.68	1.33	12.06	101.06
	农业种植	337.53	28.12	225.05	1125.17
	暴雨径流	113.78	0.44	48.04	990.51
	畜禽养殖	2.34	0.82	1.12	24.96
	向湖侧山体水侵蚀	300.55	2.97	20.20	898.09
其他跨境河流		415.99	7.95	71.60	2409.03
合计		4135.94	279.37	1581.95	21083.35

　　以分类污染源统计法核算镜泊湖入湖污染负荷,各源占比情况如图 7.3 所示,牡丹江入湖污染负荷 TN 占比59.15%、TP 占比83.18%、氨氮占比57.56%,COD_{Cr} 占比 69.41%;其他跨境入湖河流污染负荷 TN 占比 10.06%、TP 占比 2.85%、氨氮占比 4.53%, COD_{Cr} 占比 11.43%;内源入湖污染负荷 TN 占比 11.62%、TP 占比1.23%、氨氮占比17.72%,COD_{Cr}占比3.55%;点源入湖污染负荷 TN 占比 0.48%、TP 占比 0.68%、氨氮占比 0.59%, COD_{Cr} 占比 0.71%;面源入湖污染负荷 TN 占比 18.70%、TP 占比 12.06%、氨氮占比 19.40%, COD_{Cr} 占比 14.89%。以分类污染源统计法核算入湖污染负荷, 牡丹江入湖污染负荷占比最高,其次是镜泊湖流域(牡丹江市)面源。

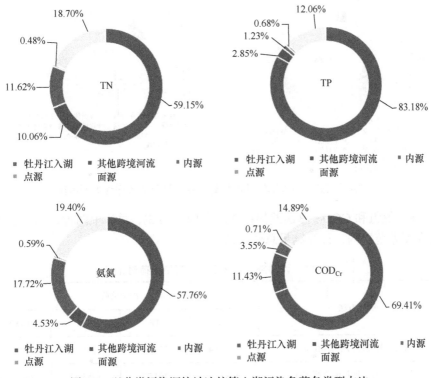

图 7.3　以分类污染源统计法核算入湖污染负荷各类型占比

　　以分类污染源统计法计算入湖污染负荷各类型详细占比, 见图 7.4。牡丹江入湖污染负荷占比最高,其次是其他跨境河流入湖污染负荷占比, 再次是农业种植入湖污染负荷占比, 其 TN 占比8.16%、TP 占比10.06%、氨氮占比14.22%、COD_{Cr} 占 5.34%,第四是向湖侧山体水侵蚀入湖污染负荷占比,其 TN 占比7.27%、TP 占比1.06%、氨氮占比1.28%, COD_{Cr} 占比4.26%。

　　两种计算结果显示,以污染源统计污染负荷与以入湖河流统计污染负荷相比

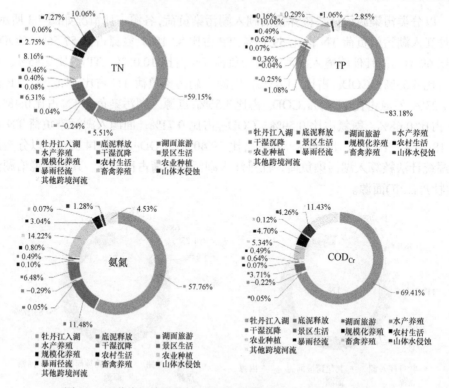

图 7.4　以分类污染源统计法核算入湖污染负荷各详细类型占比

TN、TP、氨氮和COD$_{Cr}$总误差都在 20%以内(表 7.3)，总体上两种计算方法的结果是在误差范围内，计算结果总体可信。

表 7.3　两种统计法核算入湖污染负荷对比表

统计方法	污染负荷			
	TN	TP	氨氮	COD$_{Cr}$
以污染源统计污染负荷(t/a)	4135.94	279.17	1581.95	21083.35
以入湖河流统计污染负荷(t/a)	4632.08	293.27	1555.47	26278.71
总误差	10.71%	4.81%	−1.7%	19.77%

7.3　以行政区域统计镜泊湖入湖污染负荷

7.3.1　镜泊湖全流域入湖污染负荷空间分布特征

为了更加清晰地显示各行政区域污染负荷情况，以牡丹江入湖河流污染负荷加其他跨境河流污染负荷代表吉林省部分行政区域污染负荷现状；暴雨径流面源负荷、山体水侵蚀负荷和景区旅游生活污水按比例算入黑龙省部分各行政区域，镜泊湖代指湖区内源结果。镜泊湖流域的整体污染负荷强度分布见图 7.5。镜泊湖流域 TN 入湖污染负荷：吉林省部分>镜泊湖>东京城林业局>镜泊镇>三陵乡>沙兰镇；镜泊湖流域 TP 入湖污染负荷：吉林省部分>镜泊镇>东京城林业局>镜泊湖>三陵乡>沙兰镇；镜泊湖流域氨氮入湖污染负荷：吉林省部分>镜泊湖>东京镜泊镇>城林业局>三陵乡>沙兰镇；镜泊湖流域 CODCr入湖污染负荷：吉林省部分>东京城林业局>镜泊镇>镜泊湖>三陵乡>沙兰镇。

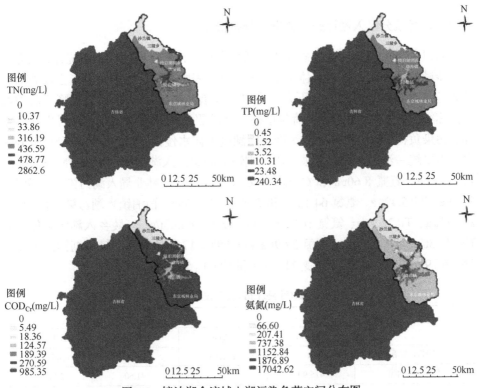

图 7.5　镜泊湖全流域入湖污染负荷空间分布图

以牡丹江入湖污染负荷与其他跨境河流合并为吉林省部分入湖污染负荷，不易削减内源单独列项，其他污染源合并为黑龙江省部分统计入湖污染负荷，结果见表 7.4。吉林省部分入湖污染负荷 TN 2862.59t/a、TP 240.33t/a、氨氮 985.35t/a 和 CODCr 17042.59t/a；黑龙江省部分入湖污染负荷 TN 794.58t/a、TP 35.52t/a、氨氮 317.01t/a 和 CODCr 3303.73t/a。

表 7.4　吉林省、黑龙江省可削减污染源负荷统计

污染源分类		入湖污染负荷			
		TN(t/a)	TP(t/a)	氨氮(t/a)	COD$_{Cr}$(t/a)
吉林省部分	牡丹江入湖	2446.6	232.38	913.75	14633.56
	其他跨境河流	415.99	7.95	71.60	2409.03
	合计	2862.59	240.33	985.35	17042.59
不易削减内源		478.77	3.32	279.59	737.38
黑龙江省部分		794.58	35.52	317.01	3303.73

7.3.2　各行政分区入湖污染负荷空间分布特征

对以分类污染源统计法核算的入湖污染负荷按照行政区域重新统计，以方便下一步减排任务的分配，具体结果见表 7.5。表中不易削减内源是指去掉湖面旅游服务排水污染负荷后的、不方便采取治理措施的内源(包括大气沉降、底泥污染)。镜泊湖景区入湖污染负荷包括湖面旅游服务排放污染负荷和景区生活污水排放污染负荷。暴雨径流面源污染与向湖侧山体水侵蚀污染分布在各个行政分区中，需要统一治理，因此单独列出。则镜泊湖景区入湖污染负荷为 TN 18.35t/a、TP 1.84t/a、氨氮 8.60t/a 和 COD$_{Cr}$ 146.30t/a；东京城林业局入湖污染负荷为 TN 66.1t/a、TP 5.49t/a、氨氮 64.16t/a 和 COD$_{Cr}$ 228.95t/a；镜泊镇入湖污染负荷为 TN 274.33t/a、TP 22.9t/a、氨氮 161.77t/a 和 COD$_{Cr}$ 963.63t/a；三陵乡入湖污染负荷为 TN 4.68t/a、TP 0.43t/a、氨氮 3.09t/a 和 COD$_{Cr}$ 17.07t/a；沙兰镇入湖污染负荷为 TN 16.79t/a、TP 1.45t/a、氨氮 11.15t/a 和 COD$_{Cr}$ 58.83t/a。

表 7.5　镜泊湖流域(牡丹江市)以行政分区统计入湖污染负荷

	入湖污染负荷			
	TN(t/a)	TP(t/a)	氨氮(t/a)	COD$_{Cr}$(t/a)
牡丹江入湖	2446.6	232.38	913.75	14633.56
其他跨境河流	415.99	7.95	71.60	2409.03
不易削减内源	478.77	3.32	279.59	737.38
暴雨径流面源	113.78	0.44	48.04	990.51
山体水侵蚀	300.55	2.97	20.20	898.09
镜泊湖景区	18.35	1.84	8.60	146.30
东京城林业局	66.10	5.49	64.16	228.95
镜泊镇	274.33	22.90	161.77	963.63
三陵乡	4.68	0.43	3.09	17.07
沙兰镇	16.79	1.45	11.15	58.83
总计	4135.94	279.17	1581.95	21083.35

以行政分区统计入湖污染负荷各项占比，见图 7.6，其中镜泊湖景区入湖污染负荷 TN 占比 0.44%、TP 占比 0.66%、氨氮占比 0.54%，COD$_{Cr}$ 占比 0.69%；镜泊镇入湖污染负荷 TN 占比 6.64%、TP 占比 8.28%、氨氮占比 11.54%，COD$_{Cr}$ 占比 4.57%；东京城林业局入湖污染负荷 TN 占比 1.60%、TP 占比 1.96%、氨氮占比 4.06%，COD$_{Cr}$ 占比 1.09%；三陵乡入湖污染负荷 TN 占比 0.11%、TP 占比 0.15%、氨氮占比 0.20%，COD$_{Cr}$ 占比 0.08%；沙兰镇入湖污染负荷 TN 占比 0.41%、TP 占比 0.52%、氨氮占比 0.70%，COD$_{Cr}$ 占比 0.28%。

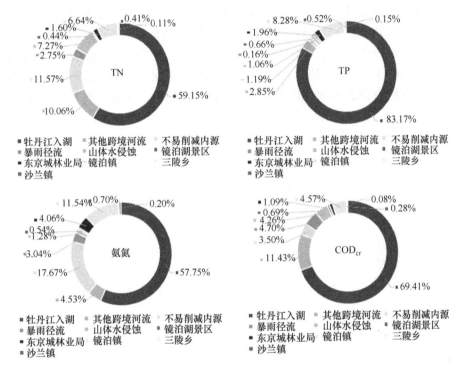

图 7.6　以行政分区统计入湖污染负荷占比图

7.4　本 章 小 结

调查结果显示，来自吉林的跨境河流入湖水量占总河流入湖量的 89.1%，是入湖河流污染负荷的主要来源。

牡丹江年平均入湖流量 25.3 亿 m³，其他河流的年平均入湖流量 11.6 亿 m³；其中每年从吉林到黑龙江跨境河流入湖流量 7.56 亿 m³。牡丹江占河流总入湖流量的 68.6%，是其他河流总和的 2.18 倍。牡丹江入湖量+跨境河流入湖量，是黑龙江入湖河流的 8.13 倍，占总入湖量的 89.1%。测算方法为：牡丹江的入湖水量按照大山咀子水文站的多年监测数据计算，其他河流的流量测定采用浮标法和走航式流速仪相结合的方式现场获取，并经过年系数矫正。

　　镜泊湖入湖污染负荷依据河流入湖水量计算，入湖河流的水质优先采用国/省/市控断面监测数据，并进行了多次现场河流补充测定，污染物入湖流量已经剔除冬季冰封期的影响。测算结果为：TN 3851.04t/a、TP 286.86t/a、氨氮 1254.89t/a 和 COD_{Cr} 24632.15t/a；其中牡丹江入镜泊湖污染负荷和占比为 TN 2446.6t/a(63.53%)、TP 232.38t/a(81.01%)、氨氮 913.75t/a(72.82%)和 COD_{Cr} 14633.56t/a(59.41%)，其他跨境河流入镜泊湖污染负荷和占比为 TN 415.99t/a(10.99%)、TP 7.95t/a(2.79%)、氨氮 71.60t/a(5.75%)和 COD_{Cr} 2409.03t/a(9.82%)；黑龙江省河流入镜泊湖污染负荷和占比为 TN 923.62t/a(24.39%)、TP 44.35t/a(15.58%)、氨氮 260.33t/a(20.90%)和 COD_{Cr} 7491.39t/a(30.53%)。也就是说，牡丹江及由吉林入黑龙江的跨境河流的 TN 污染负荷占总入湖量的 74.52%(63.53%+10.99%)；TP 占 83.8%；氨氮占 78.57%；COD_{Cr} 占 69.23%。

第8章 镜泊湖纳污能力分析

8.1 计算条件及方法

水功能区纳污能力计算方法具体参考《水域纳污能力计算规程》(GB/T 25173—2010)、《全国水资源综合规划地表水资源保护补充技术细则》和《全国重要江河湖泊水功能区纳污能力核定和分阶段先排总量控制技术大纲》。

8.1.1 纳污能力设计条件

水功能区纳污能力计算的设计条件，以计算断面的设计流量(水量)表示。根据《水域纳污能力计算规程》，现状条件下，一般采用最近 10 年最枯月平均流量(水量)或 90%保证率最枯月平均流量(水量)作为设计流量(水量)。集中式饮用水水源地，采用 95%保证率最枯月平均流量(水量)作为其设计流量(水量)。根据《全国水资源综合规划地表水资源保护补充技术细则》，对于北方地区部分河流，可根据实际情况适当调整设计保证率(如采用 75%保证率)，也可选取平偏枯典型年的枯水期流量作为设计流量。

由于设计流量(水量)受江河水文情势和水资源配置的影响，对水量条件变化的水功能区，设计流量(水量)应根据水资源配置推荐方案的成果确定。

1. 设计流量的计算

有水文长系列资料时，现状设计流量的确定，选用设计保证率的最枯月平均流量，采用频率计算法计算。无水文长系列资料时，可采用近 10 年系列资料中的最枯月平均流量作为设计流量。无水文资料时，可采用内插法、水量平衡法、类比法等方法推求设计流量。

2. 断面设计流速确定

有资料时，可按下式计算：

$$V = Q/A$$

式中：V 为设计流速；Q 为设计流量；A 为过水断面面积。

无资料时，可采用经验公式计算断面流速，也可通过实测确定。对实测流速要注意转换为设计条件下的流速。

3. 岸边设计流量及流速

宽深比较大的江河，污染物从岸边排放后不可能达到全断面混合，如果以全断面流量计算河段纳污能力，则与实际情况不符。此时纳污能力计算需采用按岸边污染区域(带)计算的岸边设计流量及岸边平均流速。计算时，要根据河段实际情况和岸边污染带宽度，确定岸边水面宽度，并推求岸边设计流量及其流速。

4. 湖(库)的设计水量

湖(库)的设计水量一般采用近 10 年最低月平均水位或 90%保证率最枯月平均水位相应的蓄水量。

根据湖(库)水位资料，求出设计枯水位，其所对应的湖泊(水库)蓄水量即为湖(库)设计水量。

8.1.2　纳污能力计算方法

纳污能力计算应根据需要和可能选择合适的数学模型，确定模型的参数，包括扩散系数、综合衰减系数等，并对计算结果进行合理性检验。

1. 模型的选择

小型湖泊和水库可视为功能区内污染物均匀混合，可采用零维水质模型计算纳污能力。

宽深比不大的中小河流，污染物质在较短的河段内，基本能在断面内均匀混合，断面污染物浓度横向变化不大，可采用一维水质模型计算纳污能力。对于大型宽阔水域及大型湖泊、水库，宜采用二维水质模型或污染带模型计算纳污能力。

不论采用哪种水质模型，对所采用的模型都要进行检验，模型参数可采用经验法和实验法确定，计算成果需进行合理性分析。

2. 初始浓度值 C_0 的确定

根据上一个水功能区的水质目标值来确定 C_0，即上一个水功能区的水质目标值就是下一个功能区的初始浓度值 C_0。

3. 水质目标 C_s 值的确定

水质目标 C_s 值为本功能区的水质目标值。

4. 综合衰减系数的确定

为简化计算,在水质模型中,将污染物在水环境中的物理降解、化学降解和生物降解概化为综合衰减系数,对所确定的污染物综合衰减系数应进行检验。

计算纳污能力可以考虑如下几种控制方案:

(1) 根据水功能区污染的严重程度,考虑社会经济发展水平、污染治理水平及其可达性,按照一定的入河削减百分比提出阶段污染物限排控制量。

(2) 考虑地区水资源条件、水功能区现状水质、现状污染物入河排放量以及污染治理水平等因素,采取 75%、50%或者其他放宽的保证率设计条件计算的纳污容量作为阶段污染物限排控制量。

(3) 按不同时段(汛期、非汛期或者丰、平、枯水期)分期计算水功能区纳污能力,并以此确定合理的分期污染物限排控制量,在实施中根据水量情况,对水平年按汛期、非汛期(或丰、平、枯水期)时间段及全年的污染物入河量进行动态控制。

8.2　镜泊湖纳污能力计算

8.2.1　以湖库Ⅲ类水目标的纳污能力计算

根据镜泊湖的污染特点,确定化学需氧量(COD_{Cr})、氨氮、总磷(TP)和总氮(TN)为湖区污染物评价指标。镜泊湖流域有三个控制断面,分别为老鸹砬子(入湖)、电视塔(湖中)和果树场断面(出湖)。依据黑龙江省地表水环境质量功能区的划分,镜泊湖执行《地表水环境质量标准》(GB 3838—2002)Ⅲ类水体标准。本次优先控制单元为老鸹砬子断面、电视塔断面、果树场断面,目标为黑龙江省政府规定的全年平均水质达到Ⅲ类水体标准, 即 $COD_{Cr} \leqslant 20.0mg/L$, 氨氮$\leqslant 1.0mg/L$, $TN \leqslant 1.0mg/L$, $TP \leqslant 0.05mg/L$。根据标准计算镜泊湖的动态纳污能力。

计算采用二维水质模型,通过对 2013～2018 年入湖总水量进行分析,模型选取 2014 年枯水年流量数据作为边界条件,通过模型试算,分别使老鸹砬子断面、电视塔断面、北湖头出口断面的全年平均水质达到Ⅲ类水体标准。

入湖河流包括大山咀子、小北湖、大梨树沟、尔站西沟河、石头河、西大泡、湖面山区、南湖头、松乙河、小夹吉河、房身沟、大夹吉河,模型通过试算各河流的污染物浓度,使得湖区各控制点水质达到规划水质。

模型考虑湖区污染负荷的衰减,通过模型计算得到各控制断面水质达标时,COD_{Cr}、氨氮、总氮和总磷的全年纳污能力,见表 8.1。以整个湖泊来考虑,北湖头出口纳污能力来代表整个湖泊的纳污能力。

表 8.1　镜泊湖湖区入湖负荷的纳污能力(Ⅲ类水质目标)

断面	地表水Ⅲ类下镜泊湖各断面纳污能力			
	COD$_{Cr}$(t/a)	氨氮(t/a)	TN(t/a)	TP(t/a)
老鸹砬子	12413	2133	2075	103
电视塔	15516	5430	2521	165
北湖头出口	21334	7758	3297	233

通过模型计算得到镜泊湖逐月及全年的纳污能力,见表 8.2。

表 8.2　镜泊湖逐月入湖负荷的纳污能力(Ⅲ类水质目标)(t)

月份	COD$_{Cr}$	氨氮	TN	TP
1 月	319.8	116.3	49.4	3.5
2 月	133.8	48.6	20.7	1.5
3 月	204.7	74.4	31.6	2.2
4 月	4102.2	1491.7	634.0	44.8
5 月	3231.7	1175.2	499.4	35.3
6 月	5860.3	2131.1	905.7	64.0
7 月	1571.2	571.4	242.8	17.2
8 月	1448.1	526.6	223.8	15.8
9 月	1307.9	475.6	202.1	14.3
10 月	1231.5	447.8	190.3	13.4
11 月	1601.0	582.2	247.4	17.5
12 月	321.9	117.1	49.7	3.5
合计	21334	7758	3297	233

8.2.2　以湖库Ⅳ类水目标的纳污能力计算

为了呼应镜泊湖综合治理方案近期治理目标,以Ⅳ类为目标也进行了纳污能力计算。考虑入湖污染负荷后期削减需求,通过模型计算得到各控制断面水质达到Ⅳ类水体时,COD$_{Cr}$、氨氮、总氮和总磷的全年的纳污能力,见表 8.3。以整个湖泊来考虑,推荐采用北湖头出口纳污能力来代表整个湖泊的纳污能力。

表 8.3　镜泊湖湖区入湖负荷的纳污能力(Ⅳ类水质目标)

断面	地表水Ⅳ类下镜泊湖各断面纳污能力			
	COD$_{Cr}$(t/a)	氨氮(t/a)	TN(t/a)	TP(t/a)
老鸹砬子	28161	2642	2616	180
电视塔	34490	3107	3178	219
北湖头出口	35557	3192	3865	268

第9章 镜泊湖入湖污染负荷削减量分析

9.1 入湖污染负荷目标削减量计算结果

入湖污染负荷的目标削减量按照镜泊湖入湖污染负荷与镜泊湖纳污能力之差来计算,结果见表9.1。镜泊湖入湖污染负荷削减量为 TN 838.94t/a, TP 46.17t/a,氨氮与COD_{Cr}不超标,不需要削减。

表 9.1　镜泊湖入湖污染负荷削减量计算表(III类水体目标)

	TN(t/a)	TP(t/a)	氨氮(t/a)	COD_{Cr}(t/a)
入湖污染负荷	4135.94	279.17	1581.95	21083.35
纳污能力	3297	233	7758	21334
削减量	838.94	46.17	−6176.05	−252.65
削减比例	20.28%	16.54%		

9.2 入湖污染负荷目标削减量情景分析

为了研究吉林省来水污染负荷削减对镜泊湖水质达标的重要性,假设吉林省来水污染负荷不削减情况下,讨论镜泊湖水质达标可能性,计算结果见表 9.2。从表9.2 中可以看出,即使黑龙省入湖污染负荷全部削减情况下,与镜泊湖目标削减量相比, TN 污染负荷能够达到要求,但 TP 污染负荷尚有 7.33t/a 的差值。这说明,黑龙江省入湖污染负荷即使全部削减,镜泊湖水质仍然不能够达标;且黑龙江省入湖污染负荷中,湖面干湿沉降负荷与底泥污染负荷极难削减,因此,仅仅依靠黑龙江省削减入湖污染负荷已经不可能实现III类水质的目标。

表 9.2　镜泊湖水质达标情景分析表

	TN(t/a)	TP(t/a)
目标削减量	839.94	46.17
黑龙江省入湖污染负荷	1273.35	38.84
差值	433.41	−7.33

9.3　以Ⅲ类水体为目标情景下入湖污染负荷削减量分析

镜泊湖入湖污染负荷削减量分配到各行政单元上，按照等比例分配法进行分配，其中不易削减内源中湖面干湿沉降、底泥释放难以削减入湖污染负荷，湖内养殖污染负荷不需要削减，因此不分配削减任务。镜泊湖入湖污染负荷削减量与各行政单元分配削减量见表 9.3，其中牡丹江入湖污染负荷需要削减 TN 562.07t/a，TP 38.8t/a；其他跨境河流入湖污染负荷需要削减 TN 95.49t/a，TP 1.34t/a；暴雨径流面源入湖污染负荷需要削减 TN 26.11t/a，TP 0.07t/a；向湖侧山体水侵蚀入湖污染负荷需要削减 TN 68.96t/a，TP 0.50t/a；镜泊湖景区入湖污染负荷需要削减 TN 4.21t/a，TP 0.31t/a；东京城林业局入湖污染负荷需要削减 TN 15.17t/a，TP 0.93t/a；镜泊镇入湖污染负荷需要削减 TN 63.05t/a，TP 3.91t/a；三陵乡入湖污染负荷需要削减 TN 1.07t/a，TP 0.07t/a；沙兰镇入湖污染负荷需要削减 TN 3.85t/a，TP 0.24t/a。

表 9.3　镜泊湖入湖污染负荷削减量分配表

	TN(t/a)	TP(t/a)
削减总量	839.94	46.17
牡丹江入湖	562.07	38.80
其他跨境河流	95.45	1.34
暴雨径流	26.11	0.07
山体水侵蚀	68.96	0.50
镜泊湖景区	4.21	0.31
东京城林业局	15.17	0.93
镜泊镇	63.05	3.91
三陵乡	1.07	0.07
沙兰镇	3.85	0.24

按照吉林省部分与黑龙江省部分对镜泊湖入湖削减量进行归类分析，结果见表 9.4，吉林省部分入湖污染负荷需削减 TN 657.52t/a，TP 40.14t/a；黑龙江省部分需削减入湖污染负荷 TN 182.42t/a，TP 6.03t/a。

表 9.4　镜泊湖入湖污染负荷削减量分配表

		TN(t/a)	TP(t/a)
削减总量		839.94	46.17
吉林省部分	牡丹江入湖	562.07	38.80
	其他跨境河流	95.45	1.34
	合计	657.52	40.14
黑龙江部分		182.42	6.03

作为减排任务，要计算出污染物产生量的目标削减量，并综合考虑镜泊湖流域现状排污格局、污染源可控性和经济技术可行性等因素，兼顾公平与效率，将减排总量按污染贡献分析法逐一分配至流域内的各控制单元和各污染源，确定各控制单元和污染来源的减排任务。

9.4　以Ⅳ类水体为目标情景下入湖污染负荷削减量分析

以Ⅳ类水体为目标情景下入湖污染负荷的目标削减量，按照镜泊湖入湖污染负荷与镜泊湖Ⅳ类水体纳污能力之差来计算，结果见表 9.5。

表 9.5　镜泊湖入湖污染负荷削减量计算表

	TN	TP	氨氮	COD$_{Cr}$
入湖污染负荷(t/a)	4135.94	279.17	1581.95	21083.35
纳污能力(t/a)	3865	268	3192	35557
削减量(t/a)	270.94	11.17	−1610.05	−14473.3
削减比例(%)	6.55	4		

减排目标：镜泊湖入湖污染负荷削减量为 TN 270.94t/a，TP 11.17t/a，氨氮与 COD$_{Cr}$ 不超标，不需要削减。

以Ⅳ类水体为目标，有潜力靠黑龙江自身努力而达到。

9.5　本　章　小　结

欲达到湖库Ⅲ类水目标，需吉林、黑龙江两省齐心共治。

依据《水域纳污能力计算规程》，按照地表水湖库Ⅲ类水质标准，建立了镜泊湖流域的水文水动力-水质模型，得出镜泊湖的纳污能力为 TN 3297.09t/a，TP

232.74t/a，氨氮 7757.86t/a，COD_{Cr} 21334.10t/a。对照污染物现状入湖量，计算出镜泊湖入湖污染负荷削减量分别为 TN 839.94t/a，TP 46.17t/a，氨氮与 COD_{Cr} 不超标，不需要削减。

如果参照吉林、黑龙江两省对镜泊湖入湖污染贡献率来分配，则吉林省部分入湖污染负荷需削减 TN 567.52t/a，TP 40.14t/a；黑龙江省部分需削减入湖污染负荷 TN 182.42t/a，TP 6.03t/a。

另外，即使黑龙省将本身入湖污染负荷全部削减，与镜泊湖目标削减量相比，TN 污染负荷能够达到要求，但 TP 污染负荷尚有 7.33t/a 的差值。这说明，黑龙江省入湖污染负荷即使全部削减，镜泊湖水质仍然不能够达标；且黑龙江省入湖污染负荷中，湖面干湿沉降负荷与底泥污染负荷很难削减，因此，仅仅依靠黑龙江省削减入湖污染负荷已经不可能实现Ⅲ类水质的目标。

因此，镜泊湖水质达标，依赖于吉林、黑龙江两省的精诚合作，从环境保护大局出发，共商对策。

第10章　镜泊湖流域主要生态环境问题

(1) 农田面积不断增加，农田排放非点源污染负荷占比高。

镜泊湖流域主要耕地处于镜泊湖北部、沿牡丹江两侧分布，主要分布于吉林省敦化市。统计数据显示，2000 年到 2015 年，镜泊湖流域耕地面积逐步扩大。过量施用的化肥、农药一部分被农作物吸收，其余部分通过冲刷和淋溶等方式进入水体，造成农业资源退化、土壤肥力下降和水环境污染等。流域内牡丹江市范围的耕地面积共计 157561.79 亩。镜泊湖流域(牡丹江市)面源入湖污染负荷中农业种植面源占比最高，其 TN 占比 43.67%、TP 占比 83.49%、氨氮占比 73.34%、COD_{Cr} 占比 35.84%。图 10.1 是镜泊湖流域(牡丹江市)沿湖农田现状图。

图 10.1　镜泊湖流域(牡丹江市)沿湖农田现状图

(2) 流域牡丹江市范围内均无截污纳管工程，村镇均无污水处理设施，垃圾乱丢乱堆现象严重。

镜泊湖流域在牡丹江境内有三镇一乡一局，除了景区内有分散式污水处理设施外，其他绝大部分区域都没有污水处理设施。也没有进行污水截污纳管工程，未接入任何污水处理厂。且镜泊湖周围土壤水力侵蚀度高，洒泼到地面上的生活污水会随着暴雨径流，快速冲刷入湖。因此，农村污水是镜泊湖流域牡丹江市内亟待解决的问题。另外，村屯内垃圾随意丢弃在道路、农田、河沟、湖泊周边，对周围环境和镜泊湖造成严重污染，农村遗留有大量垃圾需要集中清运。图 10.2 是镜泊湖流域(牡丹江市)村屯现状图。

图 10.2　镜泊湖流域(牡丹江市)村屯现状图

(3) 禽畜养殖场规模小，设施简陋，禽畜养殖废弃物资源化利用尚未形成市场化运行机制。

禽畜养殖场规模小，普遍存在着选址不当、设施简陋、缺少必要的污染防治设施，畜禽排泄物、养殖舍冲洗污水缺乏正常的处理设施，畜禽粪便任意堆放，下雨时任由雨水冲刷，污水横流，污染环境。养殖与种植尚无有效衔接，畜禽粪便无法得到充分利用，缺乏资源化利用供销网络，无害化处理、市场化运作机制尚未建立。

(4) 旅游服务业季节性排污明显，生活污水处理达标率低且尾水直接入湖，岸上岸下双向污染不容忽视。

旅游业的发展对本地水资源消耗及水环境污染贡献增大。度假村、宾馆、饭店沿镜泊湖景区周边而建，季节性明显，从 7 月到 10 月初为旺季，客流的集中带来短时间内高负荷的污染物排放。景区生活污水处理设施很多未达到排放标准，且处理后的尾水直接入湖，缺乏缓冲净化环节。另外，景区的岸下污染也不容忽视。旅游船只粪污水直接入湖，造成污染，亟须进行船只改造。船只的油污染也是目前游船污染防治工作需急切解决的问题。

(5) 南部入湖河流水质明显差于北部入湖河流，河床泥沙淤积较厚，坡岸水土流失极其严重，部分河流入湖河段水域生态退化严重，自净能力较弱。

入湖河流分布特点是南部水量高于北部，且南部入湖河流水质偏差。2018年 9 月数据显示房身沟、小夹吉河、大夹吉河、石头河 4 条南部河流 TN 平均值可达到 2.06mg/L，大柳树河、丛丛子河、梨树河、尔站河 4 条北部河流 TN 平均值为 0.86mg/L。入湖河流的上游和中游坡岸均有水土流失、泥沙淤泥现象，导致生态功能降低；入湖口由于冲刷等，河流宽度逐渐增大，其河床中泥沙堆积后自然形成多处形状不一的滩涂地。部分河流段植物群落单一，且分布不均，坡岸和水陆交错带缺乏水生植物进行防护和发挥自然生态的功能，生态退化严重。

(6) 大面积林地被村民自发开垦为农田；森林群落逆行演替，落叶树种面积升高。

根据 2019 年 5 月东京城林业局提供的数据，多达 24824.5 亩林地被农田侵占，被侵占量占流域内东京城林业局管辖总面积的 17%。这些农田多沿湖分布，产生的污染量基本直接入湖，给镜泊湖带来很大的污染负荷。现存林地多次遭各种经营活动的干扰和破坏，导致了森林群落的逆行演替，使森林结构发生了很大的变化，常绿针叶林面积缩减，落叶阔叶林面积增加，落叶腐解物入湖造成污染。

(7) 湖滨带大型水生植物稀少，环湖缓冲带内山体土壤侵蚀强烈，缓冲带内景区、农田、入湖河流为重点污染源，单位面积产污大，减少自身污染是首要任务。

湖滨带大型水生植物分布稀少，与 20 世纪 80 年代相比，挺水植物由原来的 33 种减少到 4 种，下降了 88%；其他生活型大型水生植物减少了 16 种，下降率 100%。生物量和多样性也都明显下降。山体型缓冲带是镜泊湖缓冲带的最主要类型。镜泊湖处于强土壤侵蚀区，在暴雨冲击下，沿山体斜坡进入的污染物占比很高，其中 TN 占总污染物入湖负荷的 4.39%。尤其是土质山体，水土保持措施缺失，镜泊湖水体淘蚀严重。缓冲带内具有景区连片分布、季节性产污明显；农田沿湖分布、入湖系数高；入湖河流是整个湖泊的主要污染来源。因此，目前缓冲带内由于各种污染源存在，没有起到预期的缓冲隔离效果。需要针对不同缓冲带类型，不同污染源特征分类提出污染控制及生态修复方案，首先要减少缓冲带内的自身污染物，才能对外来污染物起到净化作用。图 10.3 是镜泊湖湖滨缓冲带现状图。

(8) 鱼类繁育环境差，濒临灭绝鱼类、珍稀鱼类保护力度不够，生态系统结构尚需优化。

图 10.3　镜泊湖湖滨缓冲带现状图

镜泊湖大型水生植物生物量太低，不能为鱼类繁育提供良好的场所，因此，每年都要不断向镜泊湖投放鱼苗，需要尽快恢复大型水生植物。镜泊湖水域生态环境的变化导致鱼类物种组成、种群结构发生了变化，珍稀鱼类数量急剧减少，说明濒临灭绝鱼类、珍稀鱼类保护力度不够。为了使鱼类资源量保持稳定并能持续利用，需要采取必要的保护措施。各种鱼类分布不均一，鱼类多样性还有待于进一步提高。鱼类是湖泊生态系统的组成元素，鱼类的种类、生物量受湖泊系统中食物网结构影响，受不同营养级的生物量制约；鱼类资源的健康发展要应用生态系统调控方案进行指导。

(9) 暴雨期洪水、桃花水冲击负荷对水质影响大，流域缓冲能力待提升。

水质-水动力模型结果显示，在桃花水时期、暴雨集中期每年会出现 3～4 次水量激增峰值，且携带大量流域的污染物短时间内进入镜泊湖，引起水质急速下降。尤其是 8 月大山咀子入湖处的污染物浓度显著增加，并向北部湖区逐步扩散。全流域包括吉林省应该高度重视，大力发展海绵城市，增加流域缓冲能力，抵制暴雨洪水、桃花水的冲击负荷。

(10) 尚未实现跨省实时共享监测数据，有碍于及时决策，执法监管管理能力待提升。

黑龙江省和吉林省独立的监测体系，不能有效实现数据共享、及时反馈、联动治理，不利于下游及时决策，不能更及时地保护镜泊湖。仅镜泊湖流域(牡丹江宁安市)全湖航程 45km，没有用于监测工作的监测船只，监测能力配备不足。环境监管船只与普通的航行船有很大的差别，需要配备专业的环境监测设备，在线采样、测定、回传数据，进行日常的监测和环境管理任务，是必不可少的。

(11) 跨省湖泊流域统筹管理机制、机构缺失，协同效应难以发挥。

镜泊湖流域总面积 11664.67km²，其中 79.8%在吉林省(9312.39km²)，其余的 20.2%在黑龙江省(2352.28km²)。镜泊湖属于典型的流域跨省湖泊，应该早日实施流域管理机制。目前尚缺乏镜泊湖流域统筹管理机制，以流域为单元的研究十分欠缺。流域统筹管理机构缺失，管理力度薄弱，区域联防联控协作机制亟待建立。即使黑龙江省全部污染物都削减掉，也难以满足湖库Ⅲ类水达标要求。因此，建立镜泊湖全流域管理机构，进行两省联控迫在眉睫。

第 11 章 镜泊湖流域综合治理理念与对策

11.1 镜泊湖综合治理理念

11.1.1 总体设计思路与理念

针对镜泊湖湖体及流域存在的问题，以及跨省的特性，从控源减排、生态修复、极端条件应对、流域综合管理 4 大方面出发，来制定镜泊湖流域(牡丹江市)综合治理方案。方案的设计思路如图 11.1 所示。

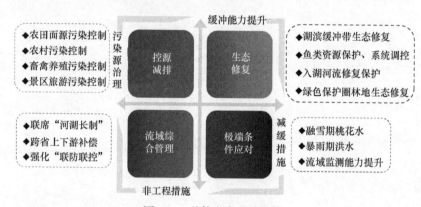

图 11.1 总体方案设计思路

图 11.2 镜泊湖 "一湖三圈" 的流域生态
空间布局

具体而言，综合治理方案涉及农田及农村面源污染治理、畜禽养殖及景区旅游污染重点点源治理；湖体、湖滨缓冲带、林地生态保育修复；融雪桃花水及暴雨洪水极端条件应对减缓措施，以及吉林-黑龙江跨省流域综合管理，紧扣镜泊湖污染的核心问题，层层环绕，各个击破，分步推进，形成 "一湖三圈" 的流域生态空间布局(图 11.2)，最终实现镜泊湖水质达到Ⅲ类湖库水标准。

11.1.2　总体设计技术路线

依据上述方案设计思路和"一湖三圈"的流域生态空间管理理念，制定详细的工作路线：首先，通过查阅相关资料、实地调研和采样实验等方式，了解镜泊湖流域内的自然和经济社会概况，对其生态环境现状进行了评估，分析了流域污染源排放与分布特征；在此基础上，诊断识别出了镜泊湖流域存在的主要生态环境问题；然后，通过模型模拟计算镜泊湖水环境容量，结合流域内污染负荷计算进行水质达标系统分析，明确流域减排任务的重点区域和重点对象；结合已有规划和治理措施，制定镜泊湖综合治理方案，从控源减排、生态修复与保护、环境监测能力和流域管理等着手，进行工程部署和设计，做到合理规划、控源减排、湖泊增容、严格监管；进行方案的投资匡算和效益分析，结合任务目标分析方案的可达性，目标可达，则落实工程措施，并开展长效运行管理，最终实现镜泊湖水质稳定达标，水生态健康。方案技术路线图如图 11.3 所示。

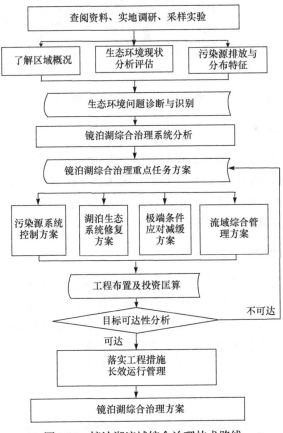

图 11.3　镜泊湖流域综合治理技术路线

11.2　总　体　方　案

　　总体方案分解见图 11.4。其中以控源减排为主的方案涉及 4 个，以生态修复为主的方案有 4 个，1 个方案针对暴雨洪水和桃花水的影响缓解，还有从 3 个大方面考虑的流域综合管理方案。总方案布置图见图 11.5。

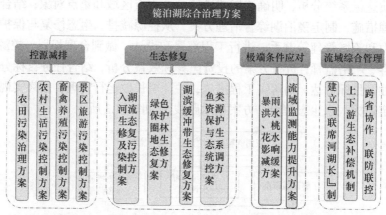

图 11.4　镜泊湖流域(牡丹江市)综合治理方案内容分解

1. 控源减排方案

　　对镜泊湖流域重点污染源，包括农田污染、农村生活污染、景区旅游污染、畜禽养殖污染等进行治理，形成涵盖重点区域、互相衔接的工程控源系统体系，使流域污染源达标排放。这是减少流域污染物排放量、降低污染物入湖负荷极为重要、最直接、见效最快的措施。

2. 生态修复方案

　　通过开展湖滨缓冲带生态修复、绿色保护圈林地生态修复、镜泊湖鱼类资源保护与生态系统调控、入湖河流生态修复及污染控制等一系列生态修复工程措施的实施，同时，针对湖泊水体中水生植被退化、水生态系统稳定性下降的特征，通过实施湖泊水生植物恢复方案、湖泊生态养鱼等工程措施，促进水体生境改善与水生态系统的恢复，增加湖泊水环境容量，加快水质改善。

3. 暴雨洪水、桃花水影响缓解方案

　　暴雨洪水、桃花水影响缓解根本在于污染物的源头治理和扩散途径的控制，配合终端空间调控措施从而实现对暴雨洪水、桃花水的冲击影响。其源头治理要推

广海绵城市和控制水土流失进行；扩散途径控制针对入湖河流入湖污染负荷的削减。

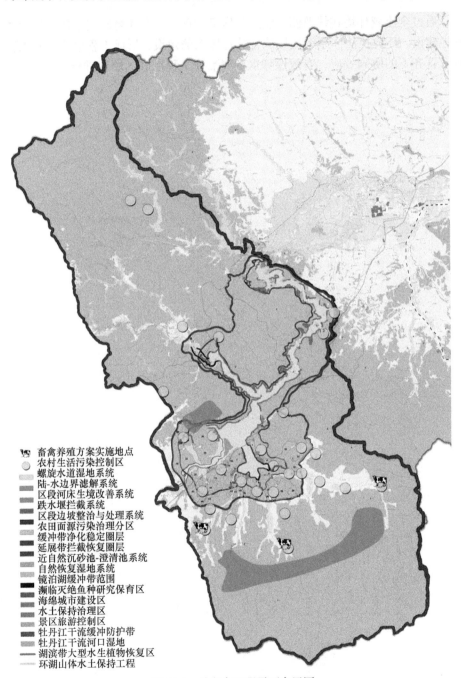

畜禽养殖方案实施地点
农村生活污染控制区
螺旋水道湿地系统
陆-水边界滤解系统
区段河床生境改善系统
跌水堰拦截系统
区段边坡整治与处理系统
农田面源污染治理分区
缓冲带净化稳定圈层
延展带拦截恢复圈层
近自然沉砂池-澄清池系统
自然恢复湿地系统
镜泊湖缓冲带范围
濒临灭绝鱼种研究保育区
海绵城市建设区
水土保持治理区
景区旅游控制区
牡丹江干流缓冲防护带
牡丹江干流河口湿地
湖滨带大型水生植物恢复区
环湖山体水土保持工程

图 11.5　总方案工程平面布置图

4. 流域综合管理方案

　　通过全流域环境在线监测、监控与信息管理、生态环境研究基地与环境教育基地建设、环境执法体系等流域综合管理体系的建设，形成工程措施与非工程措施双管齐下的协同效应，有效保障水环境治理工程措施的顺利进行。

参 考 文 献

[1] 中国科学院南京地理与湖泊研究所. 2015. 湖泊调查技术规程[M]. 北京: 中国环境出版社.

[2] 金相灿, 等. 1995. 中国湖泊环境(Ⅲ)[M]. 北京: 海洋出版社.

[3] 中国环境科学研究院. 1990. 镜泊湖污染、富营养化及防治对策研究(总报告)[R].

[4] 福建省环境监测中心站. 2012. 福建省大中型水库常见淡水藻类图集[M]. 北京: 中国环境出版社.

[5] 《浙江省主要常见淡水藻类图集(饮用水水源)》编委会. 2012. 浙江省主要常见淡水藻类图集(饮用水水源)[M]. 北京: 中国环境出版社.

[6] 杨苏文, 等. 2015. 滇池、洱海浮游动植物环境图谱[M]. 北京: 科学出版社.

[7] 蒋燮治, 堵南山. 1979. 中国动物志·节肢动物门·甲壳纲·淡水枝角类[M]. 北京: 科学出版社.

附录 1 镜泊湖浮游植物、浮游动物、底栖生物种名录

1. 浮游植物种名录

门	纲	目	科	种	拉丁名
硅藻门	羽纹纲	管壳缝目	菱形藻科	菱形藻	*Nitzschia* sp.
		双壳缝目	星杆藻科	星杆藻	*Asterionella* sp.
			舟形藻科	双壁藻	*Diploneis* sp.
				舟形藻	*Navicula* sp.
			异极藻科	异极藻	*Dysmorphococcus* sp.
		无壳缝目	脆杆藻科	针杆藻	*Synedra* sp.
				脆杆藻	*Fragilaria* sp.
	中心纲	圆筛藻目	圆筛藻科	直链藻	*Melosira* sp.
				小环藻	*Cyclotella* sp.
蓝藻门	蓝藻纲	颤藻目	颤藻科	颤藻	*Oscillatoria* sp.
				螺旋藻	*Spirulina* sp.
			聚球藻科	隐杆藻	*Aphanothece* sp.
				棒胶藻	*Rhabdogloea* sp.
		念珠藻目	念珠藻科	鱼腥藻	*Anabaena* sp.
			平裂藻科	隐球藻	*Aphanocapsa* sp.
				平裂藻	*Merismopedia* sp.
		色球藻目	色球藻属	色球藻	*Chroococcus* sp.
			微囊藻科	鱼害微囊藻	*Microcysts ichthyoblabe*
			伪鱼腥藻科	伪鱼腥藻	*Pseudanabaena* sp.
金藻门	黄群藻纲	黄群藻目	黄群藻科	黄群藻	*Synura* sp.
	金藻纲	色金藻目	锥囊藻科	金杯藻	*Kephyrion* sp.
甲藻门	甲藻纲	多甲藻目	多甲藻科	多甲藻	*Peridinium* sp.
			角甲藻科	角甲藻	*Ceratium* sp.
			裸甲藻科	薄甲藻	*Glenodinium* sp.
				裸甲藻	*Gymnodinium* sp.

门	纲	目	科	种	拉丁名
裸藻门	裸藻纲	裸藻目	裸藻科	裸藻	*Euglena* sp.
				扁裸藻	*Phacus* sp.
				囊裸藻	*Trachelomonas* sp.
绿藻门	绿藻纲	绿球藻目非集结亚目	卵囊藻科	并联藻	*Quadrigula* sp.
				卵囊藻	*Oocystis* sp.
			绿球藻科	多芒藻	*Golenkinia* sp.
				微芒藻	*Micractinium* sp.
			小球藻科	月牙藻	*Selenastrum* sp.
				微小四角藻	*Tetraedron minimum*
				具尾四角藻	*Tetraedron caudatum*
				小球藻	*Chlorella vulgaris.*
			小桩藻科	螺旋弓形藻	*Schroederia spiralis*
		绿球藻目真集结体亚目	盘星藻科	盘星藻	*Pedistrum* sp.
			栅藻科	空星藻	*Coelastrum* sp.
				四星藻	*Tetrastrum* sp.
				栅藻	*Scenedesmus* sp.
				华美十字藻	*Crucigenia lauterbornii*
				集星藻	*Actinastrum* sp.
		丝藻目	丝藻科	针丝藻	*Raphidonema* sp.
		团藻目	团藻科	空球藻	*Eudorina* sp.
				实球藻	*Pandorina* sp.
			衣藻科	衣藻	*Chlamydomonas* sp.
			壳衣藻科	翼膜藻	*Pteromonas* sp.
	双星藻纲	鼓藻目	鼓藻科	叉星鼓藻	*Staurodesmus* sp.
				鼓藻	*Cosmarium* sp.
				新月藻	*Closterium* sp.
		双星藻目	双星藻科	水绵	*Crucigenia* sp.
隐藻门	隐藻纲		隐鞭藻科	隐藻	*Cryptomonas* sp.
				卵形隐藻	*Cryptomonas ovata*
				吻状隐藻	*Cryptomonas rostrata*

2. 浮游动物种名录

门	纲	目	科	亚科	属	种	拉丁名
节肢动物门	甲壳纲	剑水蚤目	剑水蚤科	剑水蚤亚科	剑水蚤属	近邻剑水蚤	*Cyclops vicinus*
						英勇剑水蚤	*Cyclops strenuus*
					温剑水蚤属	透明温剑水蚤	*Thermocyclops hyalinus*
						短尾温剑水蚤	*Thermocyclops brevifurcatus*
						粗壮温剑水蚤	*Thermocyclops dybowskii*
					小剑水蚤属	爪哇小剑水蚤	*Microcyclops javanus*
						跨立小剑水蚤	*Microcyclops varicans*
					后剑水蚤属	梳齿后剑水蚤	*Metacyclops pectiniatus*
						小型后剑水蚤	*Metacyclops minutus*
				真剑水蚤亚科	中剑水蚤属	广布中剑水蚤	*Mesocyclops leuckarti*
					外剑水蚤属	胸饰外剑水蚤	*Ectocyclops phaleratus*
					大剑水蚤属	白色大剑水蚤	*Macrocyclops albidus*
					近剑水蚤属	短尾近剑水蚤	*Tropocyclops prasinus breviramus*
					真剑水蚤属	长尾真剑水蚤	*Eucyclops macrurus*
		哲水蚤目	镖水蚤科	镖水蚤亚科	指镖水蚤属	太平指镖水蚤	*Acanthodiaptomus pacificus*
					荡镖水蚤属	厚足荡镖水蚤	*Neutrodiaptomus pachypoditus*
						腹突荡镖水蚤	*Neutrodiaptomus genogibbosus*
					新镖水蚤属	右突新镖水蚤	*Neodia ptomus schmackeri*
			拟哲水蚤科	拟哲水蚤亚科	拟哲水蚤属	小拟哲水蚤	*Paracalanus parvus*
		枝角亚目	仙达溞科		秀体溞属	多刺秀体溞	*Diaphanosoma sarsi* Richard
			溞科		溞属	僧帽溞	*Daphnia cucullata*
						小栉溞	*Daphnia cristata*
						溞状溞	*Daphnia pulex*
					网纹溞属	方形网纹溞	*Ceriodaphnia quadrangular*
						钩弧网纹溞	*Ceriodaphnia hamata*
						美丽网纹溞	*Ceriodaphnia pulchella*

续表

门	纲	目	科	亚科	属	种	拉丁名
节肢动物门	甲壳纲		象鼻溞科		象鼻溞属	长额象鼻溞	*Bosmina longirostris*
						简弧象鼻溞	*Bosmina coregoni*
						脆弱象鼻溞	*Bosmina fatalis*
					基合溞属	劲沟基合溞	*Bosminopsis deitersi*
			薄皮溞科		薄皮溞属	薄皮透明溞	*Leptodora kindtii*
			裸腹溞科		裸腹溞属	微型裸腹溞	*Moina micrura*
袋行动物门	轮虫纲	单巢目	臂尾轮科		龟甲轮属	螺形龟甲轮虫	*Keratella cochlearis*
					叶轮属	唇形叶轮虫	*Notholca labis*
					臂尾轮属	萼花臂尾轮虫	*Brachionus calyciflorus*
			疣毛轮科		多肢轮虫属	真翅多肢轮虫	*Polyarthra euryptera*
						针簇多肢轮虫	*Polyarthra trigla*
			腔轮科		单趾轮属	襄形单趾轮虫	*Monostyla bulla*
			鼠轮科		异尾轮属	等刺异尾轮虫	*Trichocerca similis*
						暗小异尾轮虫	*Trichoerca pusilla*
						罗氏异尾轮虫	*Trichocerca rousseleti*
			猪吻轮科		猪吻轮属	尾猪吻轮虫	*Dicranophorus caudatus*
			晶囊轮科		晶囊轮属	卜氏晶囊轮虫	*Asplanchna brightwelli*
原生动物门	纤毛虫纲	异毛目			喇叭虫属	紫荆喇叭虫	*Stentor amethystinus*
		膜口目			草履虫属	双小核草履虫	*Paramecium aurelia*
		寡毛目			弹跳虫属	大弹跳虫	*Halteria grandinella*
					急游虫属	绿急游虫	*Strombidium viride*
					筒壳虫属	淡水筒壳虫	*Tintinnidium fluviatile*
					侠盗虫属	陀螺侠盗虫	*Strobilidium velox*
					似铃壳虫属	杯状似铃壳虫	*Tintinnopsis crafera*

续表

门	纲	目	科	亚科	属	种	拉丁名
原生动物门	纤毛虫纲	核残目			喙纤虫属	条纹喙纤虫	*Loxodes striatus*
		下毛目			殖口虫属	近亲殖口虫	*Gonostomum affine*
		前口目			尾毛虫属	双叉尾毛虫	*Urotricha furcata*
						趣尾毛虫	*Urotricha farcta*
					裸口虫属	简裸口虫	*Holophrya simples*
					前管虫属	卵圆前管虫	*Prorodon ovum*
		盾纤毛目			帆口虫属	冠帆口虫	*Pleuronema cornatum*
		肾形目			肾形虫属	齿脊肾形虫	*Colpoda steini*
		刺钩目			睥睨虫属	团睥睨虫	*Askenasia volvox*
					中缢虫属	蚤中缢虫	*Mesodinium pulex*
					栉毛虫属	小单环栉毛虫	*Didinium balbianii nanum*
						双环栉毛虫	*Didinium nasufum*
		吸管目			放射吸管虫属	艾氏方射吸管虫	*Heliophrya erharsi*
		缘毛目	钟形科		钟虫属	游泳钟虫	*Vorticella mayeri*
			杯形科		杯虫属	圆柱杯虫	*Scyphidia physarum*
		篮口目			篮口虫属	修饰篮口虫	*Nassula ornate*
		侧口目			半眉虫属	点滴半眉虫	*Hemiophrys punctata*
	肉足虫纲	有壳根足虫类			厢壳虫属	盖厢壳虫	*Pyxidicula operculata*
			砂壳科		砂壳虫属	瓶砂壳虫	*Difflugia urceolata*
			盘变形科		拟砂壳虫属	美拟砂壳虫	*Pseudodifflugia gracilis*
		太阳虫类			刺胞虫属	泥炭刺胞虫	*Acanthocystis turfacea*
					太阳虫属	放射太阳虫	*Actinophrys sol*
					泡套虫属	微红泡套虫	*Pompholyxophrys punicea*
		变形虫类	晶盘科		晶盘虫属	太阳晶盘虫	*Hyalodicus actinophorus*
		表壳目	表壳科		表壳虫属	普通表壳虫	*Arcella vulgaris*
						盘状表壳虫	*Arcella discoides*

3. 底栖生物种名录

门	纲	目	科	属	种	拉丁文名
环节动物门	寡毛纲	近孔寡毛目	颤蚓科	水丝蚓属	奥特开水丝蚓	*Limnodrilus udekemianus*
				水丝蚓属	霍甫水丝蚓	*Limnodrilus hoffmeisteri*
				水丝蚓属	巨毛水丝蚓	*Limnodrilus grandisetosus*
				水丝蚓属	克拉泊水丝蚓	*Limnodrilus claparedianus*
				水丝蚓属	瑞士水丝蚓	*Limnodrilus helveticus*
				尾鳃蚓属	苏氏尾鳃蚓	*Branchiura sowerbyi*
				颤蚓属	中华颤蚓	*Tubifex sinicus*
节肢动物门	昆虫纲	蜉蝣目	蜉蝣科	蜉蝣属	东方蜉	*Ephemera orientalis*
		双翅目	摇蚊科	长足摇蚊属	刺铗长足摇蚊	*Tanypus punctipennis*
				真开氏摇蚊属	亮铗真开氏摇蚊	*Eukiefferiella claripennis*
				直突摇蚊属	墨黑摇蚊	*Chironomus anthracinus*
				环足摇蚊属	三束环足摇蚊	*Cricotopus trifascia*
			幽蚊科	幽蚊属	幽蚊	*Chaoborus* sp.
软体动物门	瓣鳃纲	蚌目	珠蚌科	无齿蚌属	背角无齿蚌	*Anodonta woodiana*

附录 2　镜泊湖浮游植物、浮游动物、底栖生物图集

1. 浮游植物

菱形藻
Nitzschia sp.

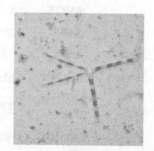

星杆藻
Asterionella sp.

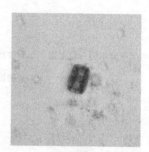

双壁藻
Diploneis sp.

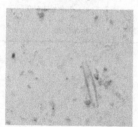

舟形藻
Navicula sp.

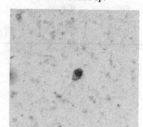

异极藻
Dysmorphococcus sp.

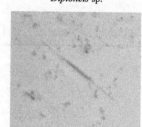

针杆藻
Synedra sp.

脆杆藻
Fragilaria sp.

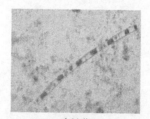

直链藻
Melosira sp.

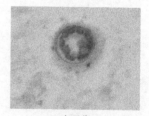

小环藻
Cyclotella sp.

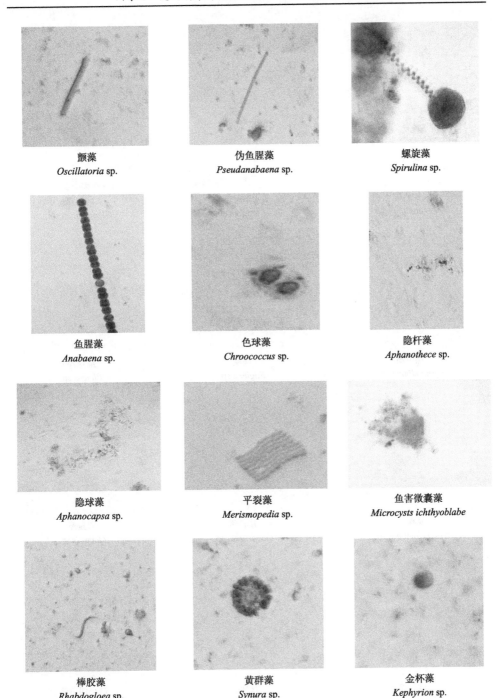

颤藻
Oscillatoria sp.

伪鱼腥藻
Pseudanabaena sp.

螺旋藻
Spirulina sp.

鱼腥藻
Anabaena sp.

色球藻
Chroococcus sp.

隐杆藻
Aphanothece sp.

隐球藻
Aphanocapsa sp.

平裂藻
Merismopedia sp.

鱼害微囊藻
Microcysts ichthyoblabe

棒胶藻
Rhabdogloea sp.

黄群藻
Synura sp.

金杯藻
Kephyrion sp.

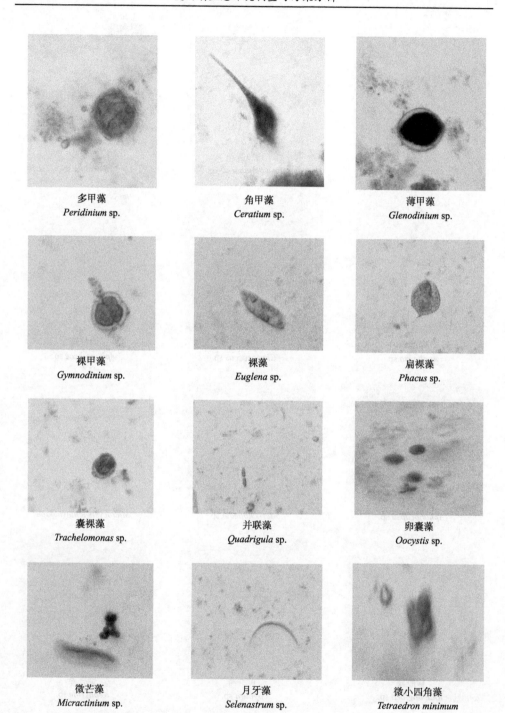

多甲藻
Peridinium sp.

角甲藻
Ceratium sp.

薄甲藻
Glenodinium sp.

裸甲藻
Gymnodinium sp.

裸藻
Euglena sp.

扁裸藻
Phacus sp.

囊裸藻
Trachelomonas sp.

并联藻
Quadrigula sp.

卵囊藻
Oocystis sp.

微芒藻
Micractinium sp.

月牙藻
Selenastrum sp.

微小四角藻
Tetraedron minimum

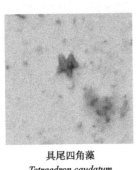

具尾四角藻
Tetraedron caudatum

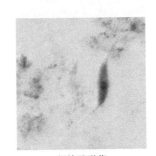

螺旋弓形藻
Schroederia spiralis

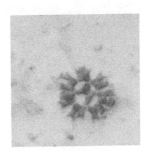

盘星藻
Pedistrum sp.

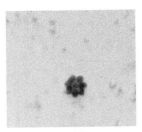

空星藻
Coelastrum sp.

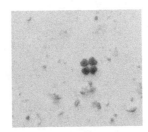

四星藻
Tetrastrum sp.

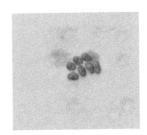

栅藻
Scenedesmus sp.

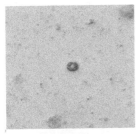

华美十字藻
Crucigenia lauterbornii

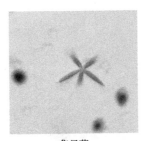

集星藻
Actinastrum sp.

针丝藻
Raphidonema sp.

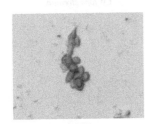

空球藻
Eudorina sp.

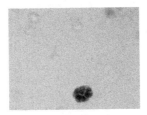

实球藻
Pandorina sp.

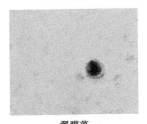

翼膜藻
Pteromonas sp.

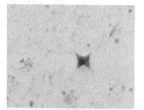

叉星鼓藻
Staurodesmus sp.

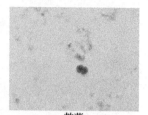

鼓藻
Cosmarium sp.

新月藻
Closterium sp.

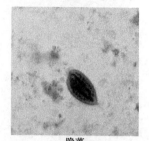

隐藻
Cryptomonas sp.

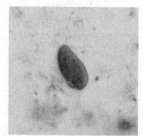

卵形隐藻
Cryptomonas ovata

2. 浮游动物

近邻剑水蚤
Cyclops vicinus

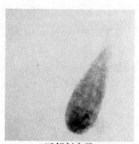

近邻剑水蚤
Cyclops vicinus

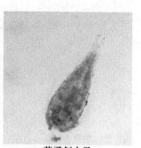

英勇剑水蚤
Cyclops strenuus

英勇剑水蚤
Cyclops strenuus

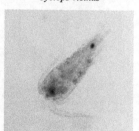

短尾温剑水蚤
Thermocyclops brevifurcatus

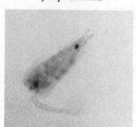

短尾温剑水蚤
Thermocyclops brevifurcatus

粗壮温剑水蚤
Thermocyclops dybowskii

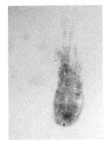

粗壮温剑水蚤
Thermocyclops dybowskii

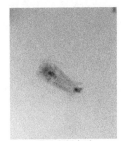

爪哇小剑水蚤
Microcyclops javanus

爪哇小剑水蚤
Microcyclops javanus

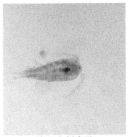

跨立小剑水蚤
Microcyclops varicans

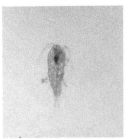

跨立小剑水蚤
Microcyclops varicans

广布中剑水蚤
Mesocyclops leuckarti

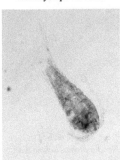

广布中剑水蚤
Mesocyclops leuckarti

胸饰外剑水蚤
Ectocyclops phaleratus

胸饰外剑水蚤
Ectocyclops phaleratus

白色大剑水蚤
Macrocyclops albidus

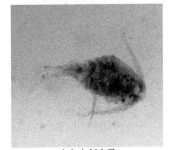

白色大剑水蚤
Macrocyclops albidus

太平指镖水蚤
Acanthodiaptomus pacificus

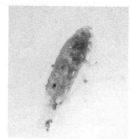

太平指镖水蚤
Acanthodiaptomus pacificus

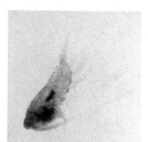

厚足荡镖水蚤
Neutrodiaptomus pachypoditus

厚足荡镖水蚤
Neutrodiaptomus pachypoditus

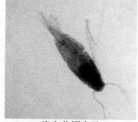

腹突荡镖水蚤
Neutrodiaptomus genogibbosus

腹突荡镖水蚤
Neutrodiaptomus genogibbosus

右突新镖水蚤
Neodia ptomus schmackeri

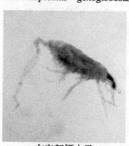

右突新镖水蚤
Neodia ptomus schmackeri

小拟哲水蚤
Paracalanus parvus

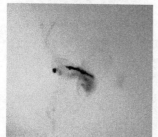

多刺秀体溞
Diaphanosoma sarsi Richard

多刺秀体溞
Diaphanosoma sarsi Richard

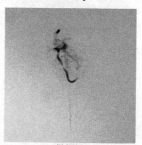

僧帽溞
Daphnia cucullata

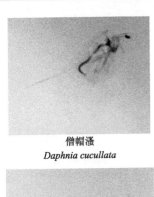

僧帽溞
Daphnia cucullata

小栉溞
Daphnia cristata

小栉溞
Daphnia cristata

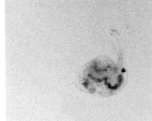

长额象鼻溞
Bosmina longirostris

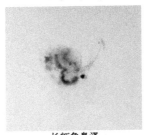

长额象鼻溞
Bosmina longirostris

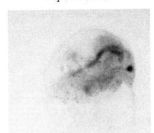

简弧象鼻溞
Bosmina coregoni

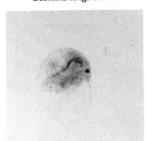

脆弱象鼻溞
Bosmina fatalis

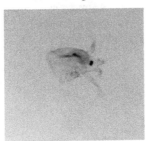

劲沟基合溞
Bosminopsis deitersi

劲沟基合溞
Bosminopsis deitersi

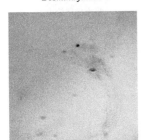

薄皮透明溞
Leptodora kindtii

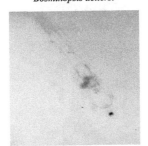

薄皮透明溞
Leptodora kindtii

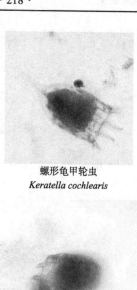

螺形龟甲轮虫
Keratella cochlearis

螺形龟甲轮虫
Keratella cochlearis

萼花臂尾轮虫
Brachionus calyciflorus

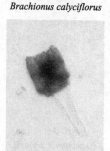

萼花臂尾轮虫
Brachionus calyciflorus

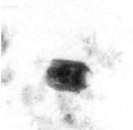

真翅多肢轮虫
Polyarthra euryptera

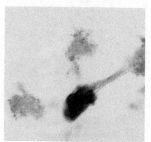

针簇多肢轮虫
Polyarthra trigla

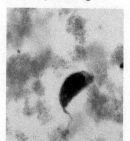

针簇多肢轮虫
Polyarthra trigla

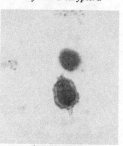

襄形单趾轮虫
Monostyla bulla

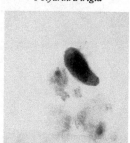

暗小异尾轮虫
Trichoerca pusilla

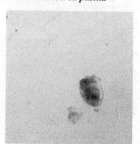

罗氏异尾轮虫
Trichocerca rousseleti

尾猪吻轮虫
Dicranophorus caudatus

卜氏晶囊轮虫
Asplanchna brightwelli

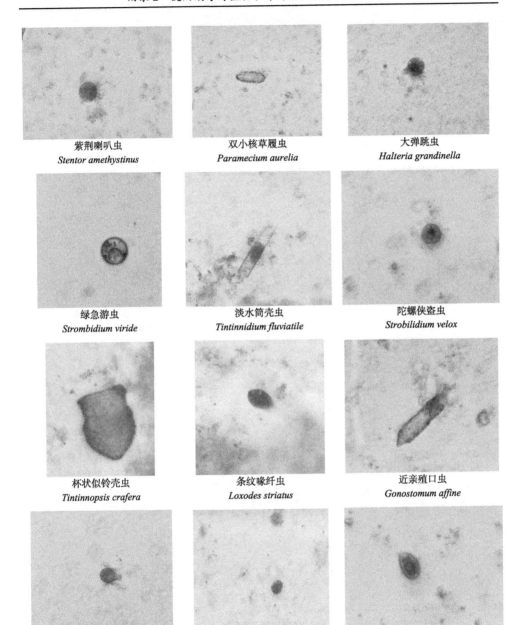

紫荆喇叭虫
Stentor amethystinus

双小核草履虫
Paramecium aurelia

大弹跳虫
Halteria grandinella

绿急游虫
Strombidium viride

淡水筒壳虫
Tintinnidium fluviatile

陀螺侠盗虫
Strobilidium velox

杯状似铃壳虫
Tintinnopsis crafera

条纹喙纤虫
Loxodes striatus

近亲殖口虫
Gonostomum affine

双叉尾毛虫
Urotricha furcata

简裸口虫
Holophrya simples

卵圆前管虫
Prorodon ovum

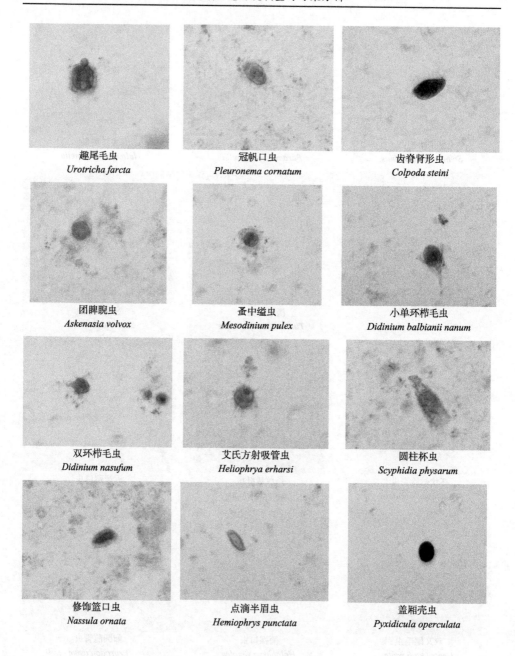

趣尾毛虫
Urotricha farcta

冠帆口虫
Pleuronema cornatum

齿脊肾形虫
Colpoda steini

团睥睨虫
Askenasia volvox

蚤中缒虫
Mesodinium pulex

小单环栉毛虫
Didinium balbianii nanum

双环栉毛虫
Didinium nasufum

艾氏方射吸管虫
Heliophrya erharsi

圆柱杯虫
Scyphidia physarum

修饰篮口虫
Nassula ornata

点滴半眉虫
Hemiophrys punctata

盖厢壳虫
Pyxidicula operculata

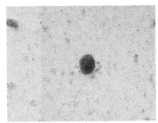

瓶砂壳虫
Difflugia urceolata

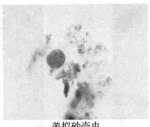

美拟砂壳虫
Pseudodifflugia gracilis

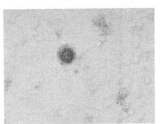

泥炭刺胞虫
Acanthocystis turfacea

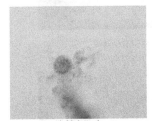

放射太阳虫
Actinophrys sol

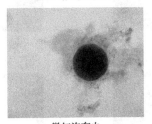

微红泡套虫
Pompholyxophrys punicea

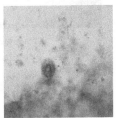

太阳晶盘虫
Hyalodicus actinophorus

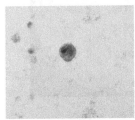

盘状表壳虫
Arcella discoides

3. 底栖生物

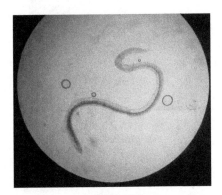

奥特开水丝蚓
Limnodrilus udekemianus

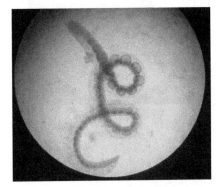

霍甫水丝蚓
Limnodrilus hoffmeisteri

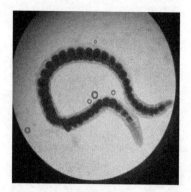

巨毛水丝蚓
Limnodrilus grandisetosus

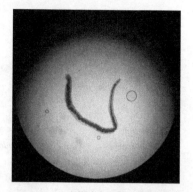

克拉泊水丝蚓
Limnodrilus claparedianus

苏氏尾鳃蚓
Branchiura sowerbyi

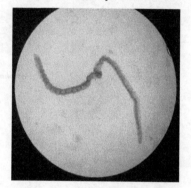

瑞士水丝蚓
Limnodrilus helveticus

刺铗长足摇蚊
Tanypus punctipennis

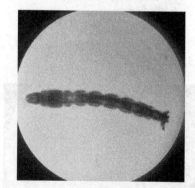

亮铗真开氏摇蚊
Eukiefferiella claripennis

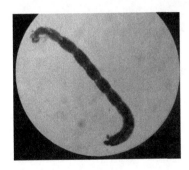

三束环足摇蚊
Cricotopus trifascia

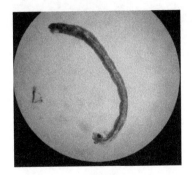

墨黑摇蚊
Chironomus anthracinus

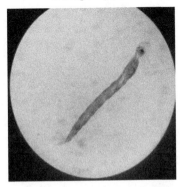

幽蚊
Chaoborus sp.

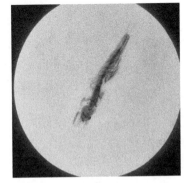

东方蜉
Ephemera orientalis

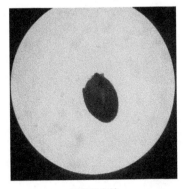

背角无齿蚌
Anodonta woodiana

彩　　图

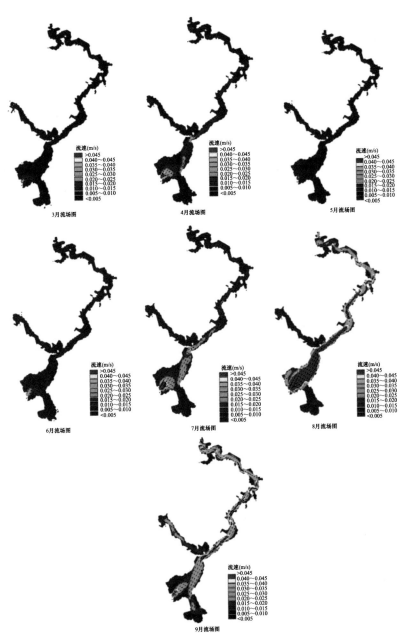

图 5.4　镜泊湖 3～9 月流场图

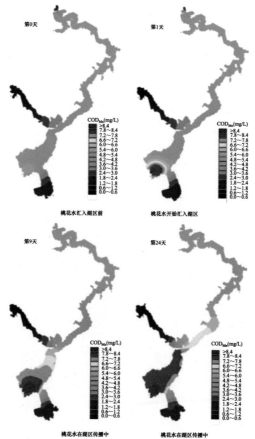

第0天   第1天

桃花水汇入湖区前   桃花水开始汇入湖区

第9天   第24天

桃花水在湖区传播中   桃花水在湖区传播中

图 5.18   桃花水汇入湖区后水体 COD$_{Mn}$ 浓度变化

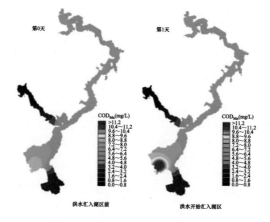

第0天   第1天

洪水汇入湖区前   洪水开始汇入湖区

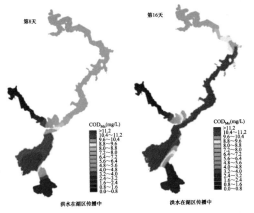

图 5.19 洪水汇入湖区后水体 CODMn 浓度变化

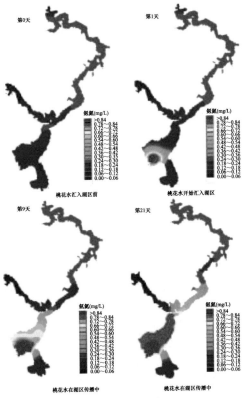

图 5.20 桃花水汇入湖区后水体氨氮浓度变化

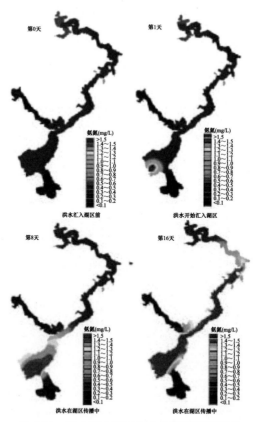

图 5.21　洪水汇入湖区后水体氨氮浓度变化

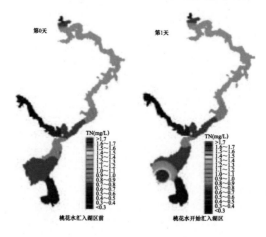

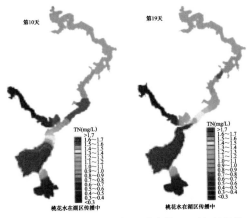

图 5.22　桃花水汇入湖区后水体 TN 浓度变化

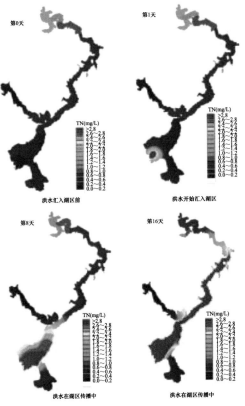

图 5.23　洪水汇入湖区后水体 TN 浓度变化

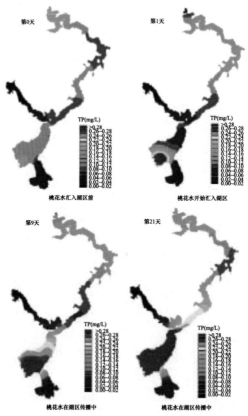

图 5.24　桃花水汇入湖区后水体 TP 浓度变化

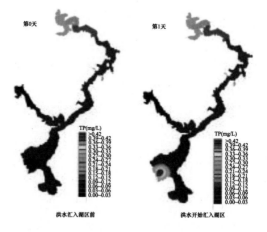

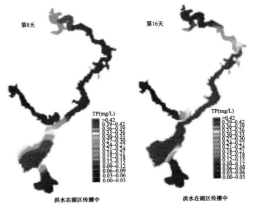

图 5.25　洪水汇入湖区后水体 TP 浓度变化

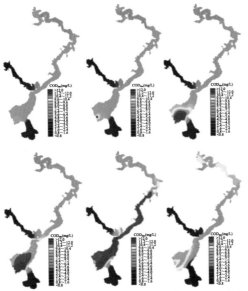

图 5.31　30 年一遇洪水汇入湖区后水体 COD$_{Mn}$ 浓度变化

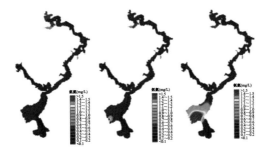

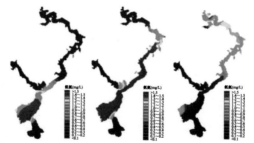

图 5.32　30 年一遇洪水汇入湖区后水体氨氮浓度变化

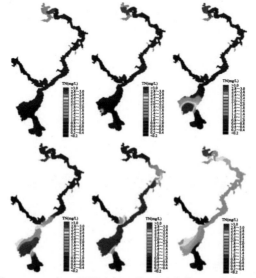

图 5.33　30 年一遇洪水汇入湖区后水体 TN 浓度变化

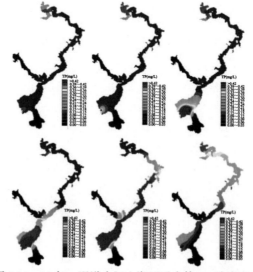

图 5.34　30 年一遇洪水汇入湖区后水体 TP 浓度变化